Druckrohrleitungen

Berechnungs- und Konstruktionsgrundlagen der Rohrleitungen für Wasserkraft- und Wasserversorgungsanlagen

von

Dr.-Ing. Felix Bundschu
Oberingenieur im Ingenieurbüro Dr.-Ing. Adolf Ludin
Berlin-Charlottenburg

Mit 12 Abbildungen

Springer-Verlag Berlin Heidelberg GmbH
1926

Ursprünglich erschienen bei Julius Springer in Berlin 1926

ISBN 978-3-662-33632-8 ISBN 978-3-662-34030-1 (eBook)
DOI 10.1007/978-3-662-34030-1

Druckrohrleitungen

Berechnungs- und Konstruktionsgrundlagen der Rohrleitungen für Wasserkraft- und Wasserversorgungsanlagen

---

Dissertation

zur

Erlangung der Würde eines Doktor-Ingenieurs
der Technischen Hochschule zu Berlin

vorgelegt am 11. November 1925

von

Dipl.-Ing. Felix Bundschu
aus Stuttgart

genehmigt am 16. Februar 1926

Referent: Prof. Dr.-Ing. Dr. techn. E. h. Adolf Ludin
Korreferent: Prof. Geh. Reg.-Rat Dr.-Ing. E. h. Brix

Springer-Verlag Berlin Heidelberg GmbH 1926

Vorwort.

Man findet vielfach die Meinung verbreitet, daß die Berechnung von Druckrohrleitungen elementar einfach und allgemein bekannt sei. Daß dies nicht zutrifft, beweisen die zahlreichen Mißerfolge und Fehlschläge bei ausgeführten Leitungen.

Es fehlt bis jetzt in der Fachliteratur eine zusammenfassende Darstellung der Berechnungs- und Konstruktionsgrundlagen von Druckrohrleitungen. Diese in einfacher und für den Gebrauch in der Praxis geeigneter Form zu geben, ist das Ziel vorliegender Abhandlung.

Als praktisches Hilfsmittel zur raschen und genauen Berechnung der Druckrohrleitungen hat sich der von mir eingeführte „Druckhöhenplan" erwiesen. Ferner ist von prinzipieller Bedeutung die Unterscheidung der Druckrohrleitungen in solche mit „aufgelöstem" und „geschlossenem" Rohrstrang. Neben und teilweise auf Grund der gegebenen Berechnungsgrundlagen habe ich Konstruktionsregeln für den Feinrechen, die Absperrorgane usw., eine Gegenüberstellung von Beton-, Holz- und Eisenrohren und Angaben zur sachgemäßen Füllung und Prüfung der Leitungen gegeben.

Der Bruch einer Druckrohrleitung kann neben der Gefährdung von Menschenleben auch großen materiellen Schaden verursachen. Ich hoffe mit vorliegender Schrift dazu beigetragen zu haben, daß in Zukunft derartige Fehlschläge vermieden werden.

Herrn Professor Dr.-Ing. Dr. techn. E. h. Adolf Ludin sei an dieser Stelle für das entgegenkommende Zurverfügungstellen seiner reichhaltigen wissenschaftlichen Sammlung bei der Bearbeitung vorliegender Schrift verbindlichster Dank gesagt.

Berlin-Charlottenburg, im Juni 1926.

Felix Bundschu.

Inhaltsverzeichnis.

A. Berechnungsgrundlagen.

B. Konstruktionsgrundlagen.

A. Berechnungsgrundlagen.

Bei der Berechnung von Druckrohrleitungen empfiehlt es sich, nicht die vielfach gebrauchten Einheiten: kg, kg/cm^2, atm, sl zu verwenden, sondern, wie es in vorliegender Abhandlung geschieht, mit

$$m,\ m^2,\ m^3,\ m^3/sek,\ t,\ t/m^2$$

zu rechnen.

1. Druckänderungen beim Bewegen der Absperrorgane.

Beim Öffnen oder Schließen einer Rohrleitung entsteht am Absperrorgan eine Druckänderung, die sich als Schwingungserscheinung längs der Rohrleitung fortpflanzt. Die Gesetze dieser Schwingungserscheinungen sind von Alliévi[8]) aufgestellt worden. Die Ergebnisse und Formeln sind aber in der sonst so wertvollen Arbeit in wenig übersichtlicher Form gegeben. Ich habe die Formeln daher unter Benutzung der normalen Buchstabenzeichen auf eine Form gebracht, die sofortiges Anschreiben ermöglicht.

Die Formeln von Alliévi gelten unter folgenden Voraussetzungen:

1. die Fließgeschwindigkeit des Wassers ist im Verhältnis zur Fortpflanzungsgeschwindigkeit der Druckänderung klein;
2. das Bewegen der Absperrorgane erfolgt gleichmäßig (linear);
3. die zur Überwindung der Reibung und zur Erzeugung der Geschwindigkeit nötige Druckhöhe kann vernachlässigt werden;
4. die Fließgeschwindigkeit in der Rohrleitung ist gegenüber der Ausflußgeschwindigkeit klein.

Diese Voraussetzungen treffen bei Druckrohrleitungen im allgemeinen zu.

Zunächst handelt es sich darum, die Größe der Geschwindigkeit, mit der sich die Druckänderung längs der Rohrleitung fortpflanzt, zu bestimmen. Alliévi gibt dafür die Formeln:

$$a = \sqrt{\frac{g}{\gamma\left(\frac{1}{E'} + \frac{1}{E''} \cdot \frac{d}{\delta}\right)}}. \qquad (1)$$

Für Wasser mit $g = 9{,}81$ m/sek^2; $\gamma = 1000$ kg/m^3 und $E' =$ $207\,000\,000$ kg/m^2 ergibt sich:

$$a = \frac{9900}{\sqrt{48{,}3 + \frac{10^{10}}{E''}\,\frac{d}{\delta}}}\,. \tag{1a}$$

a = Fortpflanzungsgeschwindigkeit der Druckänderung längs der Rohrleitung in m/sek,
g = Fallbeschleunigung in m/sek^2,
γ = Raumeinheitsgewicht der Flüssigkeit in kg/m^3,
E' = Elastizitätsmodul der Flüssigkeit in kg/m^2,
E'' = Elastizitätsmodul des Rohrmaterials in kg/m^2,
d = lichte Weite des Rohres in m (bei verschiedener lichter Weite ist der Mittelwert einzusetzen),
δ = Wandstärke des Rohres in m (bei verschiedenen Wandstärken ist der Mittelwert einzusetzen).

Als Elastizitätsmodul der Flüssigkeit gilt in vorliegendem Fall die lineare Elastizitätszahl in der Richtung der Rohrachse unter Voraussetzung zunächst starren Rohrmantels.

Aus nachstehender Tabelle ist zu ersehen, daß Wasser ungefähr 100 mal mehr zusammendrückbar ist als Eisen. Wäre das Wasser, wie

Elastizitätsmodul	kg/m^2
Flußeisen	20 000 000 000
Beton	2 000 000 000
Holz	1 000 000 000
Wasser	207 000 000

vielfach angenommen wird, so gut wie unzusammendrückbar, so müßte die Anzahl der gebrochenen Druckrohrleitungen noch viel größer sein.

Für ein starres Rohr, also mit $E'' = \infty$ ergibt obige Formel $a =$ 1425 m/sek, was der Fortpflanzungsgeschwindigkeit des Schalles im Wasser entspricht und so eine Kontrolle für die Richtigkeit der Formel darstellt.

Für Eisen-, Beton-, Eisenbeton- und Holzrohrleitungen kann für die Praxis als guter Mittelwert der Fortpflanzungsgeschwindigkeit der Druckänderung

$$a = 1000 \text{ m/sek}$$

verwandt werden.

Die Zeit, welche die Druckänderung nötig hat, um die Rohrleitung hin und zurück zu durchlaufen, heißt die „Laufzeit“ und beträgt:

$$t' = \frac{2 \cdot L}{a}\,.$$

Diese Laufzeit ist ein sehr wesentlicher Faktor bei der Berechnung der Druckänderungen.

Bei den folgenden Berechnungen sei zunächst vorausgesetzt, daß die Druckrohrleitung auf ihrer ganzen Länge denselben Querschnitt besitze.

2. Druckanstieg am Absperrorgan beim Schließen.

Bei der Berechnung des Druckanstieges muß man unterscheiden, ob die Schließzeit kleiner oder größer als die Laufzeit ist. Je nachdem $T \gtrless \frac{2L}{a}$ erhält man den Druckanstieg mit folgenden Formeln:

$\boldsymbol{T \leqq \frac{2L}{a}}$

$$h' = \frac{a\,v}{g}. \tag{2}$$

Mit $a = 1000$ m/sek und $g = 9{,}81$ m/sek² ergibt diese Formel:

$$\boldsymbol{h' = 102\,v}. \tag{2a}$$

$\boldsymbol{T > \frac{2L}{a}}$

Für $a = 1000$ m/sek und $g = 9{,}81$ m/sek²:

$$m' = h + \frac{a\,v}{g}, \qquad m' = h + 102\,v,$$

$$m'' = \frac{v^2}{2\,h\,g^2}\left(a - \frac{2L}{T}\right)^2, \qquad m'' = \frac{0{,}021\,v^2\,(500\,T - L)^2}{h\,T^2},$$

$$m = m' + m'',$$

$$\boldsymbol{h' = m - h - \sqrt{m^2 - m'^2}}. \tag{3}$$

L = wahre Länge der Rohrleitung in m (in der Rohrachse gemessen) vom Absperrschieber bis zu dem Punkt, wo sich das Wasser frei ausspiegeln kann, also bis zum Wasserschloß bzw. wenn kein solches vorhanden ist, bis zur Wasserfassung,
h = statische Druckhöhe am Absperrorgan in m,
h' = Druckhöhenanstieg am Absperrorgan infolge des Abschließens in m (Zuwachs zur statischen Druckhöhe h),
T = Zeit, in der die Rohrleitung abgeschlossen wird, in sek,
a = Fortpflanzungsgeschwindigkeit der Drucksteigerung längs der Rohrleitung in m/sek,
v = Fließgeschwindigkeit in der Rohrleitung vor Beginn des Abschließens in m/sek. (Sind verschiedene v vorhanden, so ist der Mittelwert zu errechnen, vgl. Ziff. 5),
g = Fallbeschleunigung in m/sek².

Außer Formel (3) gibt Alliévi noch eine weitere Formel

$$z^2 - z\,(2 + n^2) + 1 = 0.$$

Diese Formel ergibt jedoch bei kleinen Schließzeiten und kleinen statischen Druckhöhen unwahrscheinlich hohe Werte für den Druckhöhenanstieg, so daß sich diese Formel für den allgemeinen Gebrauch nicht eignet. Es empfiehlt sich daher, nur Formel (3) zu benutzen, wobei berücksichtigt werden kann, daß diese Formel für Druckrohrleitungen, bei denen $a\,v > 3\,g\,h$ ist, etwas zu geringe Werte ergeben wird.

3. Druckabfall am Absperrorgan beim Öffnen.

Beim Öffnen von Druckrohrleitungen entsteht am Absperrquerschnitt ein Druckabfall, der sich analog dem Druckanstieg beim Schließen längs der Leitung fortpflanzt.

Er ergibt sich zu:

$$h'' = +\sqrt{n \cdot (2h + n)} - n. \tag{4}$$

Der Wert von n berechnet sich, je nachdem die Schließzeit kleiner oder größer als die Laufzeit ist, zu:

$T \leqq \frac{2L}{a}$

$$n = \frac{a^2 v^2}{2 g^2 h}, \tag{4a}$$

$T > \frac{2L}{a}$

$$n = \frac{2 v^2 L^2}{g^2 T^2 h}. \tag{4b}$$

L = wahre Länge der Rohrleitung in m, in der Rohrachse gemessen, vom Absperrschieber bis zu dem Punkt, wo sich das Wasser frei ausspiegeln kann, also bis zum Wasserschloß bzw. bis zur Wasserfassung.
h = statische Druckhöhe am Absperrorgan in m,
h'' = Druckabfall in m (Verminderung der statischen Druckhöhe h) am Absperrorgan infolge des Öffnens,
T = Zeit, in welcher die Rohrleitung geöffnet wird, in sek,
a = Fortpflanzungsgeschwindigkeit des Druckabfalls längs der Rohrleitung in m/sek,
v = Fließgeschwindigkeit in der Rohrleitung im Beharrungszustand nach Öffnung der Rohrleitung in m/sek (sind verschiedene v vorhanden, so ist der Mittelwert zu errechnen, vgl. Ziff. 5),
g = Fallbeschleunigung in m/sek².

Ist der Druckabfall h'' gegeben und sucht man die dazugehörige Öffnungszeit T, so erhält man diese mit der Formel:

$$T = \frac{2 \cdot v \cdot L}{g \cdot h''} \sqrt{\frac{h - h''}{h}}. \tag{5}$$

Die Formel ist nur für die Fälle gültig, bei denen sich $T \geqq \frac{2L}{a}$ ergibt, da für $T < \frac{2L}{a}$ h'' einen konstanten Wert hat, der nicht überschritten werden kann [vgl. Formel (4a)].

Auf den Druckabfall beim Öffnen kann unter Umständen ein Druckanstieg folgen. Alliévi weist nach[8]), (S. 88), daß, wenn $v > 0{,}02\,h$ ist (wobei $g = 9{,}81$ m/sek² und $a = 1000$ m/sek zugrunde gelegt sind), die hydrodynamischen Schwingungen sich asymptotisch von unten dem

Beharrungszustand nähern. Es treten also in diesem Falle keine Drucksteigerungen auf. Ist $v < 0{,}02\,h$, so folgt auf den Druckabfall ein mehr oder minder großer Druckanstieg. Im ungünstigsten Fall kann dieser Druckanstieg etwa ein Viertel des statischen Druckes erreichen.

4. Druckänderung in einem beliebigen Querschnitt der Rohrleitung.

Bei der Bestimmung der Druckänderung in einem beliebigen Querschnitt der Rohrleitung hat man wiederum die beiden Fälle $T \gtrless \frac{2L}{a}$ zu unterscheiden:

$$T \geqq \frac{2L}{a}.$$

Die Druckänderung nimmt linear entsprechend den wahren Längen der Rohrstrecken von $h'(h'')$ am Absperrorgan bis 0 an der Wasserfassung bzw. dem Punkt, wo sich das Wasser frei ausspiegeln kann, ab (vgl. Abb. 1).

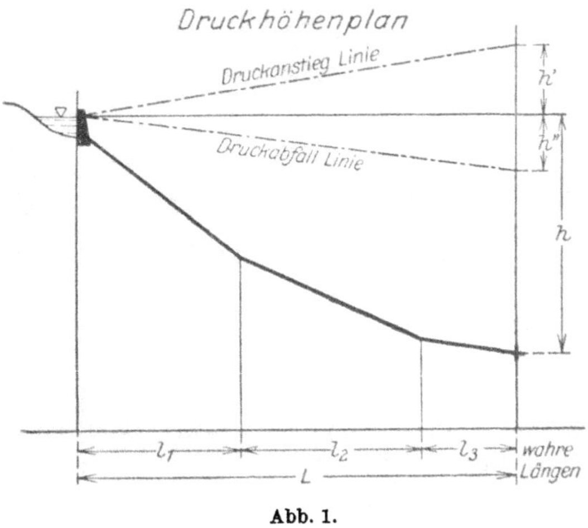

Abb. 1.

$$T < \frac{2L}{a}.$$

Der Druckanstieg erreicht bei $T = \frac{2L}{a}$ ein Maximum. Wird die Schließzeit kleiner als die Laufzeit, so tritt zwar am Absperrorgan keine weitere Drucksteigerung mehr ein, dafür wird auf einer gewissen Strecke vor dem Absperrorgan die Erscheinung eines konstanten Druckanstieges auftreten: das Wasser läuft sozusagen in sich auf.

Bezeichnet man mit l' die Strecke, welche die Schwingung in der Zeit T hin und zurück durchlaufen kann, so hat man $l' = \frac{a\,T}{2}$.

Der konstante Druck bildet sich auf der Strecke $(L - l')$ vor dem Absperrorgan aus. Auf der restlichen Strecke l' nimmt der Druckanstieg linear von h' bis 0 ab (vgl. Abb. 2).

Mit $T = 0$, also für plötzliches Schließen wird $l' = 0$; der konstante Druckanstieg bildet sich dann theoretisch auf der ganzen Rohrlänge aus, praktisch wird aber ein gewisses Abfallen des Druckanstiegs in der Nähe der Wasserfassung eintreten.

Angenähert kann auch bei Öffnungszeiten $T < \frac{2L}{a}$ der Druckabfall beim Öffnen auf der Strecke $L—l'$ als konstant angenommen werden (vgl. Abb. 2). Ausdruck 4a ist aber mit h variabel, also ist bei genauer Berechnung für jede Teilstrecke mit der entsprechenden Druckhöhe der Druckabfall zu berechnen.

Die in Abb. 1 und Abb. 2 gewählte graphische Darstellung der Druckänderungen werde als „Druckhöhenplan" bezeichnet. Ein Druckhöhenplan unterscheidet sich insofern vom Längenprofil, als bei ihm als Abszissen die wahren Längen der Rohrstrecken aufgetragen sind.

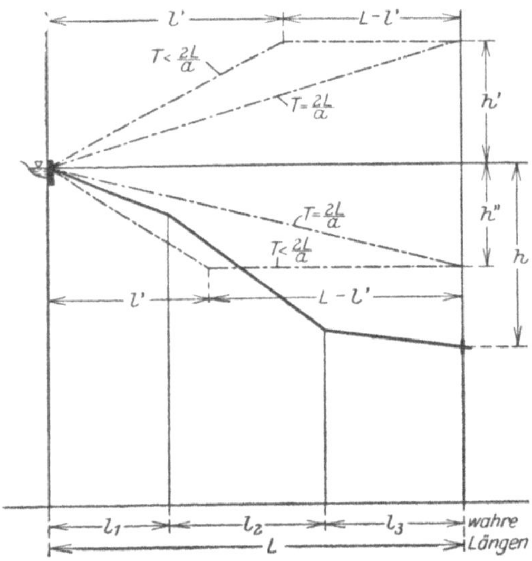

Abb. 2.

Besonders wertvoll wird die graphische Darstellung im Druckhöhenplan bei der Beurteilung des Druckabfalles beim Öffnen. Fällt nämlich die Druckabfallinie unter die Rohrachse, so tritt in der Leitung ein Unterdruck auf. Erreicht dieser Unterdruck die Größe des Atmosphärendrucks, so entsteht ein Vakuum, d. h. der Wasserstrang reißt ab. Denkt man sich die Druckhöhen um die dem Atmosphärendruck entsprechende Wassersäule verringert, also eine Parallele zur Rohrachse im Abstand des Atmosphärendrucks gezogen, so tritt ein Abreißen ein, sobald die Druckabfallinie diese Parallele schneidet. Der theoretische Atmosphärendruck würde 10 m betragen. Praktisch kann man aber nur etwa 6 m in Rechnung setzen. Bei Anlagen mit verhältnismäßig hohen Drücken kann man diese Atmosphärendruckhöhe vernachlässigen und man wird verlangen, daß die Druckabfallinie nirgends die Rohrachse schneidet.

Ein Abreißen des Wasserstranges ist in zweifacher Hinsicht gefährlich: 1. der äußere Atmosphärendruck kann unter Umständen die Rohrwandungen eindrücken; 2. nach einigen wenigen Sekunden, die zur Beschleunigung des oberen Wasserstranges notwendig sind, prallt dieser wiederum auf den abgerissenen unteren Wasserstrang auf, was sehr heftige Schläge verursachen kann.

Besonders gefährlich sind sehr rasche oder plötzliche Öffnungen, da bei diesen ein Abreißen des Wasserstranges meistens unvermeidlich ist (vgl. Abb. 2).

Man findet häufig, daß für die verschiedenen Querschnitte der Rohrleitung die dynamischen Drucksteigerungen als Prozent-Zahlen (20—25%) zum statischen Druck berücksichtigt werden. Dies ist unzulässig, da zum Beispiel bei den oberen Flachstrecken die Drucksteigerungen prozentual viel größer (100 und mehr %) sein können als bei den unteren Strecken.

5. Druckänderungen bei Rohrleitungen mit verschiedenen Rohrdurchmessern.

Bis jetzt war vorausgesetzt, daß die Rohrleitung überall denselben Rohrdurchmesser hat, d. h. daß die Fließgeschwindigkeit überall dieselbe ist. Meistens haben aber Druckrohrleitungen einen von oben nach unten abnehmenden Rohrdurchmesser, d. h. zunehmende Fließgeschwindigkeit. Dieser Umstand muß bei der Berechnung der Druckänderungen berücksichtigt werden. Je nach der Schließzeit (Öffnungszeit) kann man drei Fälle unterscheiden:

a) $T > \frac{2L}{a}$,

b) plötzliches Schließen (Öffnen),

c) $T < \frac{2L}{a}$.

a) $\boldsymbol{T > \frac{2L}{a}}$. Ist die Schließzeit größer als die Laufzeit, so haben sämtliche Teilstrecken Zeit, an der Erhöhung (Verminderung) des Druckes mitzuwirken. Die Summe der kinetischen Energie der einzelnen Rohrstrecken kann man sich also gleichgesetzt denken der kinetischen Energie der gesamten Rohrleitungslänge bei einer mittleren Fließgeschwindigkeit v.

Es muß also sein:

$$\frac{M_1 v_1^2}{2} + \frac{M_2 v_2^2}{2} + \cdots = \frac{M v^2}{2},$$

$$\frac{l_1 F_1 v_1^2}{2g} + \frac{l_2 F_2 v_2^2}{2g} + \cdots = \frac{L F v^2}{2g},$$

$$l_1 (F_1 v_1) v_1 + l_2 (F_2 v_2) v_2 + \cdots = L (F v) v.$$

Nun ist aber

$$F_1 v_1 = F_2 v_2 = \cdots = F v = Q,$$

also

$$l_1 v_1 + l_2 v_2 + \cdots = L v,$$

$$v = \frac{\Sigma\,(l \cdot v)}{L}. \tag{6}$$

v = mittlere Fließgeschwindigkeit in m/sek,
l = Länge der einzelnen Rohrstrecken mit gleichbleibender lichter Weite in m,
v = entsprechende Fließgeschwindigkeit in m/sek,
L = Gesamtlänge der Rohrleitung in m,

Da $v = \frac{Q}{F}$ ist, läßt sich Formel (6) auch in folgender Form anschreiben:

$$v = \frac{Q\,\Sigma\,(l : F)}{L}.$$

Mit diesem mittleren v berechnet man den Druckanstieg (Abfall) mit Formel (3) bzw. (4). Die Druckverteilung längs der Rohrleitung kann man näherungsweise linear annehmen (vgl. Abb. 1).

b) Plötzliches Schließen und Öffnen. Bei plötzlichem Schließen tritt in jeder Teilstrecke jeweils der Druckanstieg (Formel 2) auf, der der betreffenden Fließgeschwindigkeit entspricht (vgl. Abb. 3). Dieser Druckanstieg bleibt dann auf der Länge einer Teilstrecke konstant. Dasselbe gilt angenähert auch für den Druckabfall bei plötzlichem Öffnen. Man berechnet mit Formel 4a den Druckabfall, wobei außer den Fließgeschwindigkeiten in den einzelnen Teilstrecken noch die Druckhöhen am Ende der Teilstrecken in Rechnung gesetzt werden. Für genaue Berechnung muß man für jeden Knickpunkt der Rohrtrasse mit der entsprechenden Druckhöhe den Druckabfall berechnen.

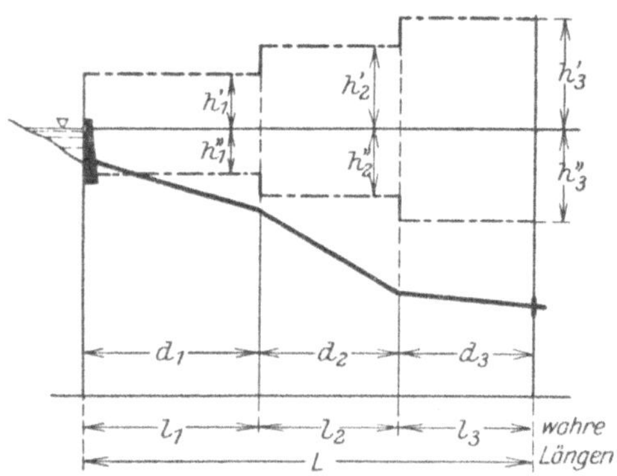

Abb. 3.

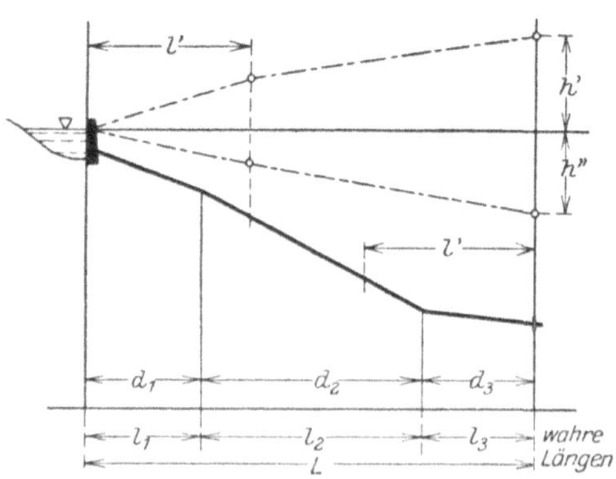

Abb. 4.

c) $T < \frac{2L}{a}$. Für Schließzeiten (Öffnungszeiten) kleiner als die Laufzeit läßt sich der Druckanstieg (Abfall) durch folgende Überlegung angenähert berechnen. Für den Druckanstieg (Abfall) am Absperrorgan kommt diejenige Strecke $l' = \frac{aT}{2}$ vor dem Absperrorgan in Frage, welche die Schwingung in der Zeit T hin und zurück durchlaufen kann. Hat diese Strecke verschiedene Rohrdurchmesser, so ermittelt man gemäß Gleichung (6) die mittlere Fließgeschwindigkeit und berechnet mit dieser den Druckhöhenanstieg (Abfall) am Absperrorgan mit Gleichung (2) bzw. (4a). In gleicher Weise errechnet man mit dem entsprechenden mittleren v den Druckhöhenanstieg (Abfall) der Strecke l' von der Wasserfassung aus gemessen. Auf diese Weise hat man zwei Punkte der Druckanstiegslinie (Druckabfalllinie) ermittelt. Ein dritter Punkt ist der Stauspiegel in der Wasserfassung. Durch geradlinige Verbindung dieser drei Punkte erhält man einen angenäherten Verlauf der Druckanstiegslinie (Druckabfallinie) (vgl. Abb. 4).

6. Zahlenbeispiel zu Abschnitt 1—5.

Gegeben sei:

die statische Druckhöhe $h = 400$ m,

die Länge der Druckrohrleitung $L = 1000$ m, bestehend aus drei Rohrstrecken $l_1 = 400$; $l_2 = 350$; $l_3 = 250$ m;

die entsprechenden Fließgeschwindigkeiten bei Vollast sind $v_1 = 2{,}4$; $v_2 = 3{,}0$; $v_3 = 3{,}3$ m/sek;

die Ausbauwassermenge ist $Q = 0{,}450$ m³/sek; diese wird in drei Peltonturbinen von je 0,150 m³/sek verarbeitet.

Es sind folgende 5 Fälle zu untersuchen:

1. Sämtliche 3 Turbinen schließen gleichzeitig von Vollast auf 0 in $T = 20$ sek. Die Fortpflanzungsgeschwindigkeit der Druckänderung werde mit $a = 1000$ m/sek angenommen.

Die Laufzeit beträgt $t' = \frac{2L}{a} = \frac{2 \cdot 1000}{1000} = 2$ sek. Es ist also $T > \frac{2L}{a}$. Zunächst bestimmt man mit Formel (6) die mittlere Fließgeschwindigkeit v

$$v = \frac{400 \cdot 2{,}4 + 350 \cdot 3{,}0 + 250 \cdot 3{,}3}{1000} = 2{,}8 \text{ m/sek.}$$

Mit Formel (3) erhält man für den Druckanstieg

$$m' = 400 + 102 \cdot 2{,}8 = 685{,}6,$$

$$m'' = \frac{0{,}021 \cdot 2{,}8^2 \cdot (500 \cdot 20 - 1000)^2}{400 \cdot 20^2} = 83{,}3,$$

$$m = 685{,}6 + 83{,}3 = 768{,}9,$$

$$h' = 768{,}9 - 400 - \sqrt{768{,}9^2 - 685{,}6^2} = 20{,}8 \text{ m.}$$

2. Es ist nur 1 Turbine im Betrieb, die plötzlich infolge Verstopfung von Vollast auf 0 abgeschlossen wird.

Die Fließgeschwindigkeit in den einzelnen Rohrstrecken ist, wenn nur 1 Turbine läuft; $v_1 = 0{,}8$; $v_2 = 1{,}0$; $v_3 = 1{,}1$ m/sek. Die entsprechenden Druckanstiege in den einzelnen Rohrstrecken berechnen sich demnach mit Formel (2) zu:

$$h_1' = 102 \cdot 0{,}8 = 81{,}6 \text{ m},$$
$$h'_2 = 102 \cdot 1{,}0 = 102 \text{ m},$$
$$h'_3 = 102 \cdot 1{,}1 = 112{,}2 \text{ m}.$$

3. Sämtliche 3 Turbinen öffnen gleichzeitig von 0 auf Vollast in $T = 8$ Sek.

Da $T > \frac{2L}{a}$, errechnet sich der Druckabfall mit Formel (4b) bei einer mittleren Geschwindigkeit von $v = 2{,}8$ m/sek:

$$n = \frac{2 \cdot 2{,}8^2 \cdot 1000^2}{9{,}81^2 \cdot 8^2 \cdot 400} = 6{,}36,$$
$$h'' = +\sqrt{6{,}36\,(2 \cdot 400 + 6{,}36)} - 6{,}36 = 65{,}2 \text{ m}.$$

4. 1 Turbine öffnet plötzlich von 0 auf voll. Mit Formel (4a) erhält man für die einzelnen Rohrstrecken mit $v_1 = 0{,}8$; $v_2 = 1{,}0$; $v_3 = 1{,}1$ m/sek und $h_1 = 100$, $h_2 = 300$, $h_3 = h = 400$ m;

$$n_1 = \frac{5200 \cdot 0{,}8^2}{400} = 33{,}28,$$
$$h_1'' = +\sqrt{33{,}28\,(2 \cdot 100 + 33{,}28)} - 33{,}28 = 54{,}8 \text{ m},$$
$$n_2 = \frac{5200 \cdot 1{,}0^2}{300} = 17{,}33$$
$$h_2'' = +\sqrt{17{,}33\,(2 \cdot 300 + 17{,}33)} - 17{,}33 = 86{,}1 \text{ m},$$
$$n_3 = \frac{5200 \cdot 1{,}1^2}{400} = 15{,}73,$$
$$h_3'' = +\sqrt{15{,}73\,(2 \cdot 400 + 15{,}73)} - 15{,}73 = 97{,}6 \text{ m}.$$

5. Wie groß darf die Öffnungszeit gewählt werden, wenn bei gleichzeitigem Öffnen aller 3 Turbinen der Druckabfall nicht größer als $h'' = 150$ m werden darf?

Mit Formel 5 erhält man mit der mittleren Fließgeschwindigkeit $v = 2{,}8$ m/sek

$$T = \frac{2 \cdot 2{,}8 \cdot 1000}{9{,}81 \cdot 150} \sqrt{\frac{400 - 150}{400}} = 3{,}0 \text{ sek}.$$

7. Druckhöhenverluste.

Druckhöhenverluste entstehen:

a) beim Durchfließen durch den Rechen,
b) beim Eintritt des Wassers in die Rohrleitung,
c) infolge Reibung an den Wandungen,
d) bei Richtungsänderungen,
e) bei Querschnittsänderungen.

Zur graphischen Darstellung der Druckhöhenverluste bedient man sich ebenfalls mit Vorteil des Druckhöhenplans. Es ist darauf zu achten, daß die Druckhöhenverlustlinie nirgends die Rohrachse schneidet, da sonst dort ein Abreißen des Wasserstranges eintritt.

a) Druckhöhenverlust beim Durchfluß durch den Rechen.

Rümelin[6]) gibt für den Gefällverlust am Rechen die Formel:

$$h_v = \zeta v_r^2, \tag{7}$$

wobei v_r = der Geschwindigkeit, mit der das Wasser den Rechen durchströmt. Der Wert von ζ liegt zwischen 0,01 und 0,025. Bei der Berechnung von v_r muß die allenfallige mehr oder minder große Verlegung des Rechens durch Schwemmsel berücksichtigt werden.

Eine bedeutende Verringerung der Rechenverluste kann man erreichen durch Abrunden oder Zuspitzen der Rechenstäbe. Versuche von Ryon (Eng. Rec. 31. Dezember 1910) haben ergeben, daß gegenüber rechteckigen Rechenstäben eine Zuschärfung der unterwasserseitigen Kante der Rechenstäbe die Wasserführung um 2,5%; eine Zuschärfung der oberwasserseitigen Kanten um 22% und eine Zuschärfung beider Kanten um 26% vermehren. Am vorteilhaftesten wäre eine stromlinienförmige Ausbildung der Stäbe.

Bei normaler Ausführung kann man als Mittelwert für den Rechenverlust 5—10 cm annehmen.

b) Gefällverlust beim Eintritt des Wassers in die Rohrleitung.

Beim Eintritt des Wassers in die Rohrleitung benötigt man zunächst eine gewisse Druckhöhe $\frac{v^2 - v_0^2}{2g}$ zur Erzeugung der Geschwindigkeit. Diese Druckhöhe ist nicht als Druckverlust anzusprechen, wenn die dadurch erzeugte Geschwindigkeit in der Turbine zur Wirkung kommt. Ist jedoch z. B. ein größeres Wasserschloß in die Druckrohrleitung eingeschaltet, so geht beim Eintritt des Wassers in das Wasserschloß diese Druckhöhe infolge Wirbelbildung verloren. Die Geschwindigkeit muß beim Austritt aus dem Wasserschloß neu erzeugt werden.

Außer dieser zur Erzeugung der Geschwindigkeit nötigen Druckhöhe, die also nur unter Umständen als Druckverlust anzusprechen ist, entsteht beim Eintritt des Wassers in die Rohrleitung infolge der Reibung und Wirbelbildung im Einlauf ein gewisser Druckhöhenverlust:

$$h_v = \zeta \frac{v^2 - v_0^2}{2g}. \tag{8}$$

v_0 = Geschwindigkeit vor dem Einlauf;
v = Geschwindigkeit in der Rohrleitung hinter dem Einlauf.

Für ζ erhält man:

Rohre stumpf in das Einlaßbauwerk hineinragend . . . . . $\zeta = 1{,}0$,
Einlaufrohr, nicht oder nur geringfügig abgerundet. . . . . $\zeta = 0{,}5$,
Einlaufrohr trompetenförmig ausgebildet . . . . $\zeta = 0{,}1$.

c) Gefällverlust infolge Reibung an den Wandungen.

Zur Berechnung des Reibungsverlustes besteht eine große Anzahl von Formeln. In der Praxis wird am meisten die Formel von Chézy-Eytelwein mit den Formeln von Kutter und Ganguillet verwendet[1]). Die Benennung der Formeln ist in der Literatur infolge der verschiedenen Autoren nicht einheitlich. Um diese grundlegenden Formeln und ihre Koeffizienten kurz und eindeutig bezeichnen zu können, möchte ich die folgenden Benennungen vorschlagen:

Formel von Chézy:

$$v = k\sqrt{PJ}. \tag{9}$$

v = mittlere Fließgeschwindigkeit in m/sek;
P = Profilradius = dem Verhältnis zwischen Querschnittsfläche (in m²) und benetztem Umfang (in m);
J = dem zur Überwindung der Reibung notwendigen Gefälle = dem Tangens des betreffenden Neigungswinkels;
k = Koeffizient von Chézy.

Die Berechnung des Koeffizienten k geschieht mit der Formel von Ganguillet:

$$k = \frac{23 + \frac{1}{n} + \frac{0{,}00155}{J}}{1 + \left(23 + \frac{0{,}00155}{J}\right)\frac{n}{\sqrt{P}}},$$

n = Koeffizient von Ganguillet. Für Gefälle $J > 0{,}0005$ (1 : 2000) kann die Formel von Ganguillet ersetzt werden durch die Formel von Kutter:

$$k = \frac{100\sqrt{P}}{m + \sqrt{P}}.$$

m = Koeffizient von Kutter. Mit der Formel von Chézy erhält man als Gefällverlust infolge der Reibung:

$$h_v = J \cdot L = \frac{v^2 L}{k^2 P}. \tag{10}$$

Die Länge L ist in ihrer wahren Länge (in der Richtung der Rohrachse gemessen) einzusetzen.

[1]) Die Formeln sind allgemein bekannt und sollen hier nur der Vollständigkeit halber wiederholt werden.

Mittelwerte von m und n: Die nachstehend angegebenen Werte gelten für gut erhaltene, jedoch gebrauchte Rohrleitungen. Für neue Rohrleitungen sind die Werte etwas günstiger (mit Ausnahme der Holzrohrleitungen, die im Gebrauch glätter werden) und für ältere Rohrleitungen je nach Abnutzung oder Inkrustation ungünstiger anzunehmen.

Rohrleitungsart	m	n
Eisenrohre mit glattem Übergang an den Stoßstellen (geschweißt oder mit versenkten Nietköpfen) mit Innenanstrich; Holzrohre gut gefugt und gehobelt	0,20	0,012
Weite Eisenrohre längs und quer genietet, mit nicht versenkten Nietköpfen, mit Innenanstrich. Sorgfältig geglättete Betonrohre mit Innenanstrich	0,25	0,0125
Kleinere Eisenrohre ($\varnothing < 0{,}50$ m) längs und quer genietet, mit nicht versenkten Nietköpfen, mit Innenanstrich. Fabrikmäßig hergestellte sorgfältig verlegte Betonrohre mit glatter Betonhaut ohne Innenanstrich	0,35	0,0135

In verschiedenen Lehrbüchern[2]) [10]) finden sich Tabellen und Diagramme, die auf Grund der Formeln von Chézy, Ganguillet und Kutter aufgestellt sind und ein sofortiges Ablesen der gewünschten Werte ermöglichen. Dies hat wesentlich dazu beigetragen, daß diese Formeln weiteste Anwendung in der Praxis gefunden haben. Rümelin[6]) schreibt z. B.: „Unter den vielen Formeln über das Wasserfließen wählt man beim praktischen Bauen am einfachsten und sichersten die von Chézy und Kutter". Die vielen aufgestellten Formeln zersplittern nur die Erfahrungswerte. So ist z. B. die Formel von Bazin $k = \dfrac{87}{1 + \dfrac{\gamma}{\sqrt{P}}}$ nichts anderes als die Formel von Kutter, nur in anderer Form angeschrieben.

Die beste Gewähr für ein praktisch genügend genaues Rechnen ergibt sich, wenn die Formeln von Chézy, Ganguillet und Kutter allgemein angewandt und die Koeffizienten m und n an möglichst vielen ausgeführten Beispielen mit der nötigen Genauigkeit nachgeprüft werden.

d) Druckhöhenverlust bei Richtungsänderungen.

Die bei Richtungsänderungen in Druckrohrleitungen auftretenden Druckverluste sind gewöhnlich so gering, daß es im allgemeinen genügen wird, für jede Richtungsänderung je einige wenige Zentimeter Druckverlust abzuschätzen.

Julius Weisbach und andere haben Versuche zur Bestimmung der Druckverluste bei Richtungsänderungen angestellt [13]) [3]). Auf Grund ihrer Angaben kann man folgende Berechnungsart angeben:

Der Druckhöhenverlust ergibt sich zu

$$h_v = \zeta \frac{v^2}{2g}. \tag{11}$$

Der Koeffizient ζ ergibt sich je nach dem Ablenkungswinkel φ zu:

a) $\varphi < 30^0$.

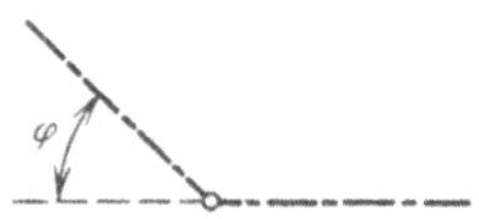

$\varphi =$	10^0	20^0	30^0
$\zeta =$	0,01	0,03	0,07

Die Tabelle gilt für Kniestücke und Krümmer.

b) φ von 60^0 bis 180^0

$\frac{R}{d} =$	0,5	1	2	3
$\zeta =$	2,0	0,3	0,15	0,13

R = Krümmungshalbmesser der Rohrachse in m;
d = lichter Rohrdurchmesser in m.

Kniestücke können annähernd als Krümmer mit dem Verhältnis $\frac{R}{d} = 0{,}5$ angesehen werden, man kann also obige Tabelle für Kniestücke und Krümmer verwenden.

Zwischen 60^0 und 180^0 ist der Koeffizient ζ praktisch unabhängig von dem Ablenkungswinkel φ angenommen, was auch durch Versuche von Weisbach bestätigt ist.

Für Krümmungen, deren Verhältnis $\frac{R}{d} > 3$ ist, läßt sich keine Verbesserung des Koeffizienten ζ mehr erzielen, im Gegenteil es ergibt sich dann anscheinend wieder eine Verschlechterung. Als günstigstes Krümmungsverhältnis ist also

$$\frac{R}{d} = 3$$

anzusprechen.

c) φ von 30^0 bis 60^0. Man erhält den Wert von ζ durch schätzungsweise Interpolation zwischen Tabelle a und b.

e) Gefällverlust bei Querschnittsänderungen.

Die Übergangsstücke von einem größeren in einen kleineren Durchmesser werden bei Druckrohrleitungen gewöhnlich als sehr schlanke Konusrohre ausgebildet. Die durch die Querschnittsänderungen auftretenden Druckverluste sind daher sehr gering. Ebenso werden Drosselklappen und sonstige Armaturen so ausgebildet, daß sie möglichst wenig Verluste erzeugen.

Es genügt daher, die Druckhöhenverluste für Übergangsstücke und Armaturen jeweils mit einigen wenigen Zentimeter abzuschätzen.

8. Statische Berechnung des Rohrquerschnittes gegen Innendruck.

a) Eiserne Rohre.

Als Rohrmaterial kommt meistens Flußeisen, für sehr hohe Drücke Stahl in Anwendung. Die Zugfestigkeiten betragen im allgemeinen bei

Flußeisen . . . . 36 000 ÷ 42 000 t/m²,
Stahl. . . . . 42 000 ÷ 75 000 „

Man rechnet meistens mit etwa fünffacher Sicherheit. Oft wird außerdem noch ein besonderer Zuschlag für Rosten und Korrosion gemacht. In neuerer Zeit sind jedoch die Rostschutzmittel (Inertolanstrich, Juteumwicklung) so weit verbessert, daß die Rostgefahr bedeutend reduziert ist. Angriffe durch Sand und chemische Zersetzungen wird man von vornherein durch geeignete Maßnahmen auszuschalten versuchen. Es erscheint also zulässig, diese Beanspruchungen in den Sicherheitsfaktor einzuschließen. Nur die Schwächung in der Niet- oder Schweißnaht ist durch einen Gütekoeffizienten zu berücksichtigen.

Die Wandstärke für eine eiserne Rohrleitung berechnet sich demnach zu:

$$s = \frac{dH}{2\eta\sigma} \tag{12}$$

s = Wandstärke der Rohrleitung in m;
d = lichter Rohrdurchmesser in m;
H = Gesamtdruckhöhe (statischer + dynamischer Druck) in m;
η = Güteverhältnis der Schweiß- bzw. Nietnaht;
σ = Zulässige Zugbeanspruchung des Rohrmaterials in t/m².

Die zulässige Zugbeanspruchung ist für Leitungen mit geschlossenem Rohrstrang (s. Ziffer 11) etwas geringer anzunehmen als für Leitungen mit aufgelöstem Rohrstrang, da bei geschlossenem Rohrstrang achsenparallele Zusatzbeanspruchungen auftreten.

Durchschnittliche Werte der zulässigen Zugbeanspruchung.

Für Rohrleitungen mit	Flußeisen t/m²	Stahl t/m²
aufgelöstem Rohrstrang	8000	15 000
geschlossenem Rohrstrang	7000	13 000

Für Rohrstrecken, bei denen ein Bruch keinen bedeutenden Schaden verursachen kann, wird man mit der zulässigen Beanspruchung noch etwas höher gehen. Dagegen empfiehlt es sich, dort, wo ein Bruch unter allen Umständen zu vermeiden ist, z. B. im Krafthaus, die zulässige Beanspruchung noch etwas herabzusetzen.

Für das Güteverhältnis η der Schweiß- bzw. Nietnaht kann gesetzt werden:

für stumpfgeschweißte Naht . . . . . . $\eta = 0,70$,
für überlappt wassergasgeschweißte Naht . $\eta = 0,90$,
für genietete Naht durchschnittlich . . . $\eta = 0,80$.

Formel (12) setzt voraus, daß s gegenüber d klein ist. Diese Voraussetzung trifft für eiserne Druckrohrleitungen zu.

Aus konstruktiven und Transportgründen ist eine gewisse Mindestwandstärke erforderlich. Diese kann man etwa annehmen zu:

bei einem lichten Rohrdurchmesser . . d bis 0,80 m $s_0 = 0,005$ m,
d bis 1,50 m $s_0 = 0,006$ m,
d bis 2,00 m $s_0 = 0,007$ m.

Bei Rohrdurchmessern über 2,00 m werden zur Versteifung im allgemeinen besondere Versteifungsringe angebracht.

Formel (12) ergibt mit obigen Mindestwandstärken, $\eta = 0,90$ und $\sigma = 8000$ folgende ideelle Minimumhöhen H_0.

$s_0 = 5$ mm		$s_0 = 6$ mm		$s_0 = 7$ mm	
d m	H_0 m	d m	H_0 m	d m	H_0 m
0,10	720	1,00	86	1,60	63
0,20	360	1,10	79	1,70	59
0,30	240	1,20	72	1,80	56
0,40	180	1,30	66	1,90	53
0,50	144	1,40	62	2,00	50
0,60	120	1,50	58		
0,70	103				
0,80	90				

b) Eisenbetonrohre.

Bei Eisenbetonrohren trifft die Voraussetzung der Formel (12), daß s im Verhältnis zu d sehr klein ist, strenggenommen nicht mehr zu. Trotzdem kann Formel (12) sinngemäß auch für Eisenbetonrohre angewandt werden, da die sonstigen Berechnungsunterlagen ebenfalls keinen allzu großen Genauigkeitsgrad aufweisen. Emperger[26]) schreibt z. B.: „Die genaue Rechnung ist hier weggelassen worden, weil es wertlos erscheint, die Zugspannungen am Rand nachzuweisen, wo nicht einmal die Grundwerte versuchstechnisch klargestellt erscheinen und ferner, weil die rechnungsmäßige Erhöhung bei der Biegungsfestigkeit und jene, herrührend von jenen Randspannungen, sich nahezu ausgleichen dürften."

Emperger[26]) gibt als Zugfestigkeit an:

für normal hergestellte Eisenbetonrohre . . . . 15 kg/cm²,
für geschleuderte oder sonst mit Spezialverfahren hergestellte Eisenbetonrohre . . . . 25 „

Die Konstruktion von Eisenbetonrohren fußt vorwiegend auf praktischen Erfahrungswerten. Die theoretischen Berechnungsergebnisse sind also nur mit Vorsicht zu gebrauchen. Jedenfalls müssen vor Inangriffnahme einer größeren Eisenbetonrohrleitung die Rohre und Verbindungen einer Probestrecke auf Wasserdichtigkeit geprüft werden.

Als Anhalt zur Konstruktion und zur generellen Nachprüfung von Eisenbetonrohren kann man folgende Formel verwenden:

$$\sigma = \frac{5dH}{f_b + n f_e}. \tag{13}$$

σ = Zugbeanspruchung des Betons in kg/cm²;
d = lichter Rohrdurchmesser in cm;
H = Gesamtwasserdruckhöhe (statischer + dynamischer Druck) in m;
f_b = $100 \cdot s$ = Längsschnittfläche in cm² für 1 lfm Rohrwandung mit der Wandstärke s cm;
f_e = die zugehörige Eisenquerschnittsfläche in cm²;
n = Koeffizient (Verhältnis der Elastizitätsmoduln von Eisen und Beton bei Zugbeanspruchung $n = 45$).

Emperger[26]) gibt für „n" den Wert $n = 45$ und für die zulässige Zugbeanspruchung für normale Eisenbetonrohre 6 kg/cm² und für geschleuderte Eisenbetonrohre 10 kg/cm². Emperger rechnet also mit 2,5 facher Sicherheit.

c) Holzrohre.

Die Konstruktion der Holzrohre beruht ebenso wie diejenige der Eisenbetonrohre vorwiegend auf Erfahrung. Als Anhalt für die Bügelberechnung kann folgende Formel Verwendung finden:

$$f_e = \frac{5dH}{\sigma}. \tag{14}$$

f_e = Querschnittsfläche der Bügel in cm² auf 1 lfm Rohr (ein Längenschnitt durch die Achse schneidet die Rohrbügel zweimal. Unter f_e ist jedoch nur die Querschnittsfläche von einer Rohrwandseite verstanden);
d = mittlerer Durchmesser der Bügel in cm;
H = Gesamtdruckhöhe (statischer + dynamischer Druck) in m;
σ = zulässige Zugbeanspruchung der Bügeleisen in kg/cm².

Mit Rücksicht darauf, daß den Bügeln schon bei leerem Rohr eine gewisse Spannung gegeben werden muß und mit Rücksicht auf die Querschnittsverschwächung in dem Schraubengewinde des Bügelschlosses und die Rostgefahr ist die zulässige Zugbeanspruchung der Bügel etwa mit $\sigma = 600$ kg/cm² anzunehmen.

9. Statische Berechnung des Rohrquerschnittes gegen Außendruck.

Äußerer Druck kann durch Erdeindeckung, Verkehrslasten und beim Auftreten von Unterdruck in der Rohrleitung durch den Atmosphärendruck entstehen. Bei frisch eingefülltem Rohrgraben kann man mit guter Annäherung annehmen, daß der Erddruck gleichmäßig von allen Seiten auf die Rohrwandung wirkt. Unter diesen Voraussetzungen, die für den Fall, daß der äußere Druck bei einer offen verlegten Leitung durch den Atmosphärendruck ausgeübt wird, an und für sich erfüllt ist, entwickelt Rudolf Mayer[22]) für den Einknickungsdruck folgende Formel:

$$p = \frac{3EJ}{r^3}. \tag{15}$$

Für den praktischen Gebrauch ist dieser Formel noch ein Sicherheitsfaktor ζ hinzuzufügen. Setzt man für das Trägheitsmoment J den zugehörigen Wert ein, so erhält man:

$$p = \frac{2E}{\zeta}\left(\frac{s}{d}\right)^3 \tag{16}$$

oder nach s aufgelöst:

$$s = d\sqrt[3]{\frac{\zeta p}{2E}}. \tag{16a}$$

p = Einknickungsdruck auf 1 cm² der Rohroberfläche in kg/cm²;
E = Elastizitätsmodul der Rohrwandung in kg/cm²;
s = Wandstärke der Rohrleitung in cm;
d = lichter Rohrdurchmesser in cm;
ζ = Sicherheitsfaktor.

Bei in einem Rohrgraben verlegten Rohren wirkt bei satter Umstampfung des Rohres die umhüllende Erde aussteifend, so daß für diesen Fall von einem Sicherheitsfaktor abgesehen werden kann, d. h. man setzt $\zeta = 1$. Anders verhält es sich bei einem offenliegenden Rohr, bei dem man z. B. für den Fall eines auftretenden Vakuums $\zeta = 4$ setzen kann. Eine weitere Sicherheit liegt darin, daß praktisch ein absolutes Vakuum nicht auftreten kann.

Für Flußeisen und Stahl ist $E = 2\,000\,000$ kg/cm². Formel (16a) ergibt also für die Wandstärke, die eine offen verlegte eiserne Rohrleitung bei 4facher Sicherheit haben muß, wenn sie bei auftretendem Vakuum dem Atmosphärendruck standhalten soll:

$$s = 0{,}01\,d. \tag{16b}$$

Dieses Ergebnis steht in guter Übereinstimmung mit praktischen Erfahrungswerten. So hat z. B. eine 60 cm weite eiserne Rohrleitung mit 0,6 cm Wandstärke des Zweribachwerkes einem Vakuum standgehalten, wogegen die 1,30 m weite Eisenrohrleitung mit 0,7 cm Wandstärke in Portland (Oregon) durch ein auftretendes Vakuum plattgedrückt wurde.

Für Beton- und Eisenbetonrohre ergibt Formel (16) im allgemeinen infolge des für diese Rohre verhältnismäßig großen Wertes $\frac{s}{d}$ so große Werte des Einknickungsdruckes, daß die Materialfestigkeit nicht ausreicht, um die sich daraus ergebenden Beanspruchungen auszuhalten. Die Belastungsgrenze wird also bei Beton- und Eisenbetonrohren nicht durch die Knickfestigkeit, sondern durch die Materialfestigkeit bestimmt. Man erhält also sinngemäß nach Formel (13)

$$\sigma = \frac{50 d p}{f_b + n f_e}. \tag{17}$$

σ = Druckbeanspruchung der Wandung in kg/cm²;
d = äußerer Durchmesser des Rohres in cm;
p = äußerer Druck auf 1 cm² der Rohroberfläche in kg/cm²;
f_b = $100 \cdot s$ = Längsschnittfläche in cm² für 1 lfm Rohrwandung mit der Wandstärke s cm;
f_e = die zugehörige Eisenquerschnittsfläche in cm²;
n = Koeffizient (Verhältnis der Elastizitätsmoduln von Eisen und Beton bei Druckbeanspruchung: $n = 15$).

Die zulässige Druckbeanspruchung von Betonrohren kann zu 40 kg/cm² angenommen werden.

Formel (17) ergibt für $p = 1$ kg/cm², also für den Atmosphärendruck sehr geringe Werte von σ. Beton- und Eisenbetonrohre halten also bei einem auftretenden Vakuum den Atmosphärendruck gut aus.

10. Dimensionierung des Rohrstranges.

Bei Druckrohrleitungen nimmt von oben nach unten der Durchmesser ab und die Wandstärke zu. Zuerst berechnet man mit den weiter unten folgenden Formeln (33) bzw. (35) den wirtschaftlichsten Rohrdurchmesser am unteren Ende und mit Formel (34) bzw. (36) denjenigen der oberen Strecken und soweit nötig mit Formel (37) an einigen Zwischenstellen.

Mit Hilfe des Druckhöhenplanes kann die Einteilung des Rohrstranges in einfacher und übersichtlicher Weise vorgenommen werden (s. Abb. 5).

Zunächst berechnet man die ideelle Druckhöhe H_0, die der Mindestwandstärke entspricht [vgl. Formel (12)]:

$$H_0 = \frac{2 \eta \sigma}{d} \cdot s_0. \tag{18}$$

Man zieht im Druckhöhenplan eine Parallele zur Rohrachse im Abstand H_0 bis zum Schnitt mit der Drucklinie. (Im vorliegenden Fall entstehe die Drucklinie durch Kombination der Drucklinie bei plötzlichem Schließen einer Turbine und dem normalen Schließen sämtlicher Turbinen.) In diesem Schnittpunkt ist also die Wandstärke voll ausgenützt. Es muß also weiter abwärts eine Wandverstärkung Δs eintreten. Dieser entspricht ein Druckhöhenzuwachs von

$$\Delta H = \frac{2\,\eta\,\sigma}{d} \cdot \Delta s. \qquad (19)$$

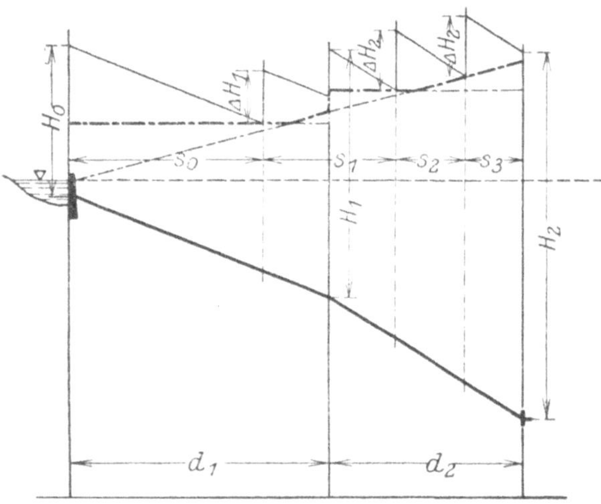

Abb. 5.

Meistens wird die Verstärkung der Wandung um je 1 mm vorgenommen. Es ergibt sich dann

$$\Delta H = \frac{1}{1000} \cdot \frac{2\,\eta\,\sigma}{d}. \qquad (19\text{a})$$

Man zieht dann wiederum eine Parallele bis zum Schnitt mit der Drucklinie und wiederholt das Verfahren, bis die ganze Rohrstrecke eingeteilt ist.

Beim Übergang von einem Durchmesser auf den andern muß jeweils die entsprechende Druckhöhe neu berechnet werden.

$$H = \frac{2\,\eta\,\sigma}{d} \cdot s, \qquad (20)$$

wobei man als Wandstärke vorteilhafterweise die Wandstärke der letzten Rohrstrecke des größeren Durchmessers wählt.

Im allgemeinen wird man darauf achten, daß die über der Druckanstiegslinie liegenden Druckflächenzwickel, welche die Größe des unausgenutzten Rohrmaterials veranschaulichen, sich in möglichst engen Grenzen halten.

11. Geschlossene und aufgelöste Rohrleitungen.

Die Beurteilung der statischen Verhältnisse der Druckrohrleitungen und ihrer Festpunkte ist nicht so einfach, wie sie auf den ersten Blick erscheinen will. Im Gegenteil, es ist nicht leicht, sich über die vielerlei stark wechselnden Einzelkräfte und über deren Zusammenarbeiten Klarheit zu verschaffen. Man findet daher auch sehr häufig in der Fachliteratur Irrtümer darüber verbreitet. Erst Dr. techn. Artur Hruschka gab in einer umfangreichen Abhandlung[18]) eine erschöpfende Zusammenstellung der verschiedenen Kräfte, deren Anzahl er mit 32 angibt. Alle praktischen möglichen Kombinationen dieser 32 Kräfte zu erläutern würde viel zu weit führen. Von Wichtigkeit ist es jedoch, die grundlegenden Elemente klar herauszustellen.

Man muß prinzipiell zwei verschiedene Rohrleitungssysteme unterscheiden:

1. Rohrleitungen, deren Wandungen und Verbindungen überall achsenparallele Kräfte übertragen können.

Sie sollen als: Rohrleitungen mit **„geschlossenem Rohrstrang“** bezeichnet werden.

2. Rohrleitungen, die infolge eingebauter Dilatationsstücke keine achsenparallelen Kräfte (mit Ausnahme der durch die Reibung in den Dilatationsstücken bedingten) übertragen können.

Sie sollen als: Rohrleitungen mit **„aufgelöstem Rohrstrang“** bezeichnet werden.

Die auftretenden Kräfte:

Bei der Berechnung von Druckrohrleitungen und deren Festpunkte kommen hauptsächlich folgende Kräfte in Frage:

1. Wasserdruck. Als Druckhöhe ist jeweils der Gesamtdruck (statischer + dynamischer Druck) einzusetzen.

2. Temperaturkräfte. Eine Rohrstrecke von der Länge l will sich, wenn sie um t^0 erwärmt wird, um

$$\Delta l = w t l \tag{21}$$

ausdehnen. Wird sie daran gehindert, so entstehen entsprechende Temperaturkräfte.

Diese Kräfte können, insbesondere wenn die Leitung nicht durch Eindecken oder ähnliches geschützt ist, sehr erheblich groß werden. Beträgt die Temperatursteigerung (Abfall) t^0 Celsius, so entsteht in einer fixierten Leitung eine Druckkraft (Zugkraft) von

$$P_t = (w \cdot E) \cdot f \cdot t. \tag{22}$$

P_t = Druck- (Zug-) Kraft bei Erwärmung (Abkühlung) um t^0 C in t;
w = Ausdehnungskoeffizient;
E = Elastizitätsmodul in t/m²;
f = Materialquerschnittsfläche in m²;
t = Temperatursteigerung (Abfall) in ° C.

Wie aus Formel (22) ersichtlich ist, ist P_t unabhängig von der Länge der Rohrstrecke: eine kurze Rohrstrecke übt also dieselbe Temperaturkraft aus wie eine lange.

Tabelle für Mittelwerte von w, E und $(w \cdot E)$.

Rohre aus:	Elastizitätsmodul E t/m²	Ausdehnungskoeffizient w	$(w \cdot E)$ t/m²
Flußeisen und Stahl . . .	20 000 000	0,000 012	240
Beton und Eisenbeton . .	2 000 000	0,000 010	20
Holz	1 000 000	0,000 004	4

Besteht die Rohrstrecke zwischen zwei Festpunkten aus mehreren Teilstrecken mit verschiedenen Materialquerschnittsflächen, so ergibt sich die Temperaturkraft zu:

$$P_t = (w \cdot E) \frac{\Sigma l}{\Sigma \left(\frac{l}{f}\right)} \cdot t. \tag{23}$$

3. Schwindspannungen. Bei Betonrohren treten, wenn nicht durch genügend zahlreiche Fugen Bewegungsmöglichkeit geschaffen ist, beim Erhärten ganz beträchtliche Schwindspannungen auf. Diese können in der Rechnung ebenso wie Temperaturspannungen behandelt werden. Als Äquivalent der Schwindwirkung kann man bei normaler Ausführung der Betonrohre schätzungsweise eine Temperaturabnahme von 10^0 C annehmen.

4. Querzusammenziehungskräfte. Der Innendruck der Rohrleitung bewirkt eine Querzusammenziehung $\Delta l'$ der Rohrwandung

$$\Delta l' = \frac{\sigma}{m \cdot E} \cdot l. \tag{24}$$

Ist diese Zusammenziehung nicht möglich, so entsteht in der Rohrwandung eine entsprechende Zugkraft. Diese ergibt sich zu:

$$P_q = \frac{\sigma f}{m}. \tag{25}$$

Mit $\sigma = \frac{d\,H}{2s}$ und $f = \pi\,d\,s$ ergibt diese Formel:

$$P_q = \frac{\pi\,d^2 H}{2m}. \tag{26}$$

P_q = Zugkraft infolge der Querzusammenziehung in t;
d = lichter Rohrdurchmesser in m;
H = Gesamtdruckhöhe (statischer + dynamischer Druck) in m;
m = Poissonsche Zahl;
E = Elastizitätsmodul der Rohrwandung in t/m²;
σ = Zugspannung in der Rohrwandung infolge des Innendrucks in t/m²;
f = Materialquerschnittsfläche der Rohrwandung in m²;
s = Wandstärke der Rohrwandung in m;
l = Länge der betrachteten Rohrstrecke in m;

Poissonsche Zahl
für Flußeisen- und Stahlrohre . . . . $m = 3{,}3$;
für Betonrohre . . . . $m = 7$;
für Holzrohre kommt eine Querzusammenziehungskraft nicht in Frage, da in den Stoßfugen der Dauben Bewegungsmöglichkeit vorhanden ist.

Wie man aus Formel (26) ersehen kann, können die Querzusammenziehungskräfte recht erhebliche Werte annehmen. Außerdem ist die Querzusammenziehungskraft wie die Temperaturkraft unabhängig von der Länge der Rohrstrecke. Eine kurze Rohrstrecke übt also dieselbe Querzusammenziehungskraft aus wie eine lange. Bei der Festsetzung des Spielraumes in den Dilatationsstücken eiserner Rohrleitungen darf die Querzusammenziehung nicht außer acht gelassen werden.

Besteht die Rohrstrecke zwischen zwei Festpunkten aus mehreren Teilstrecken mit verschiedenen d, H und f, so erhält man die Querzusammenziehungskraft:

$$P_q = \frac{\pi}{2m} \cdot \frac{\Sigma\left(d^2 H \frac{l}{f}\right)}{\Sigma\left(\frac{l}{f}\right)}. \tag{27}$$

An Stelle der Ausrechnung nach Gleichung (27) genügt es für die praktische Rechnung meistens, wenn man in Gleichung (26) als Durchmesser den auf der Strecke vorherrschenden, und als Druckhöhe H die mittlere Druckhöhe einsetzt.

5. Eigengewichtskomponente der Rohrwandung in der Richtung der Rohrachse. In flachen Strecken kann die Eigengewichtskomponente mit Sicherheit von der Reibungskraft aufgenommen werden. In Steilstrecken setzt man sie voll in Rechnung, da die Reibung infolge Erschütterungen, Feuchtigkeit usw. zeitweilig stark vermindert werden kann.

Die Beanspruchung der Festpunkte kann unter Umständen bei leerer und gefüllter Leitung sehr verschieden sein.

6. Reibungskräfte zwischen Rohr und Auflager. Die Reibungskräfte sind verschieden, je nachdem die Leitung leer oder gefüllt ist. Eine genaue Berechnung empfiehlt sich meistens wegen der Unsicherheit der Unterlagen nicht. Man begnügt sich gewöhnlich mit geschätzten Annahmen. So wird z. B. bei Steilstrecken die Reibung im allgemeinen gleich 0 gesetzt. In anderen Fällen nimmt man an, daß die Reibungskräfte eben ausreichen, die Eigengewichtskomponente der Rohrwandung aufzunehmen.

Aber auch in diesem Falle sind in gewissen Abständen Festpunkte anzuordnen, da sonst infolge der kleinen Bewegungen bei Temperaturänderung und Querzusammenziehung und infolge der Schlepp- und Stoßkräfte ein langsames Wandern der Rohrleitung nach unten eintreten würde.

Als Anhalt zur Bestimmung der Reibungskräfte können folgende Reibungszahlen dienen:

für eiserne Rohrleitungen:

Rohrsättel mit Gleitlager aus Eisen	0,12
„ aus glattem Beton	0,20
durchlaufende Betonplatte	0,40
Erdreich	0,70

7. Zentrifugalkräfte in Krümmungen. Da sich die Geschwindigkeiten gewöhnlich in sehr mäßigen Grenzen halten, können die Zentrifugalkräfte gegenüber den anderen Kräften vernachlässigt werden.

8. Schleppkräfte. Der Reibungsverlust auf einer Rohrstrecke betrage h_v. Die Reibung übt also auf die Rohrwandung eine Zugkraft

$$P_s = F h_v . \tag{28}$$

P_s = Reibungskraft in t;
F = lichter Rohrquerschnitt in m²;
h_v = Druckhöhenverlust in m.

Im allgemeinen wird diese Kraft im Vergleich zu den übrigen vernachlässigt werden können.

9. Reibungskräfte in den Dilatationsfugen. Bei aufgelösten Rohrleitungen können Temperatur- und Querzusammenziehungskräfte nur soweit zur Wirkung kommen, bis die Reibung in den Ausdehnungsstücken bzw. Muffen überwunden ist.

Diese Reibungskraft errechnet sich zu

$$P_d = \pi \cdot \mu \cdot d_d l_d h . \tag{29}$$

P_d = Reibungswiderstand in den Dilationsstücken in t;
μ = Reibungszahl (Hanf auf Eisen 0,25);
d_d = äußerer Durchmesser der Packung in m;
l_d = Länge der Packung in m;
h = statische Wasserdruckhöhe in m (für diesen Fall genügt die statische Druckhöhe, da der dynamische Druckanstieg nur kurze Zeit vorhält und daher für obige Erscheinungen ohne Einfluß ist).

Zur angenäherten Berechnung, insbesondere für Muffenleitungen, deren Reibungswert μ schwer zu bestimmen ist, genügt es, die Reibungskraft P_d gleich der Temperaturkraft P_t bei einer Temperaturerhöhung von einigen wenigen Temperaturgraden zu setzen (vgl. Formel 22).

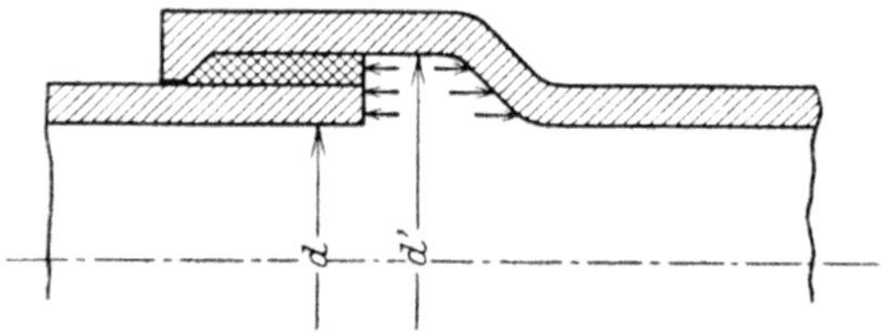

Abb. 6.

10. Stopfbüchsenkraft. In einer Stopfbüchse oder Muffe wirkt in dem Zwischenraum zwischen Packung und Muffenrückwand ein Wasserdruck, der die beiden Rohrteile auseinanderschieben will (s. Abb. 6). Dieser Wasserdruck werde als Stopfbüchsenkraft bezeichnet und ergibt sich zu:

$$P_s = \frac{\pi}{4} (d'^2 - d^2) H . \tag{30}$$

P_s = Stopfbüchsenkraft in t;
d' = äußerer Durchmesser der Packung in m;
d = lichter Rohrdurchmesser in m;
H = Wasserdruck (stat. + dyn. Druck) in m.

Bei hohen Wasserdrücken kann diese Stopfbüchsenkraft nicht unerhebliche Werte annehmen.

12. Berechnung der Übergangsstücke und Knickpunkte.

a) Übergangsstücke.

Der Übergang von einem größeren auf einen kleineren Querschnitt erfolgt gewöhnlich mittels eines Kegelrohres. Dabei entsteht in der Richtung der Rohrachse vom Wasserdruck herrührend eine Kraft $P_ü$

$$P_ü = (F_o - F_u) \cdot H. \tag{31}$$

$P_ü$ = Wasserdruck auf das Übergangsstück in t;
F_o = oberer Wasserquerschnitt in m^2;
F_u = unterer Wasserquerschnitt in m^2;
H = Gesamtdruckhöhe (statischer + dynamischer Druck) in m.

Die Druckhöhe H wird in der Mitte des Übergangsstückes gemessen. Mathematisch genau ist H etwas oberhalb der Mitte zu messen[18]) (Ste. 535). Praktisch kann dies jedoch vernachlässigt werden.

Die Kraft $P_ü$ wird vorteilhafterweise unmittelbar auf einen Festpunkt übertragen. Zu diesem Zweck werden Übergangsstücke meist vor einem Krümmerfestpunkt gelegt oder ein Krümmer wird zugleich als Übergangsstück ausgebildet. Andernfalls muß die Übertragung der Kraft $P_ü$ durch die Rohrwandung auf den nächsten Festpunkt geschehen. Die Ausbildung eines Krümmers als Übergangsstück hat außerdem noch den Vorteil, daß dadurch die Druckhöhenverluste im Krümmer verringert werden.

b) Knickpunkte.

In einem Knickpunkte müssen die vom Wasserdruck herrührenden Kräfte, die Kräfte, die durch die Rohrwandungen der anschließenden Rohrstrecken auf den Knickpunkt übertragen werden, und die Widerlagerkräfte im Gleichgewicht sein.

Die vom Wasserdruck herrührenden Kräfte sind, wie in einfacher Weise nachgewiesen werden kann[18]) (S. 535), gleich der Resultierenden aus den Wasserdrücken auf die obere und untere Wasserquerschnittsfläche (vgl. Abb. 7). Als Druckhöhe kann mit praktisch genügender Genauigkeit die Druckhöhe im Achsenschnitt eingesetzt werden.

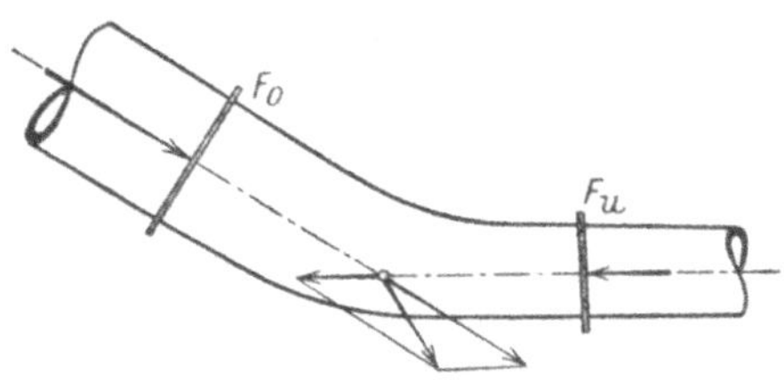

Abb. 7.

Wahrer Winkel zwischen den Schenkeln eines Raumknickpunktes. Ein Knickpunkt, der sowohl im Längenschnitt als auch im Lageplan gebrochen ist, werde als Raumknickpunkt bezeichnet. Bedeutet α den Horizontalprojektionswinkel und β_1 und β_2 die Vertikalwinkel, so ergibt sich der wahre Winkel im Raum zwischen den beiden Schenkeln des Knickpunktes zu:

$$\cos \alpha_w = \cos \beta_1 \cos \beta_2 \cos \alpha \underset{(+)}{-} \sin \beta_1 \sin \beta_2 . \qquad (32)$$

Das —-Zeichen gilt, wenn beide Schenkel fallend oder beide ansteigend sind, das +-Zeichen, wenn ein Schenkel ansteigt und der andere abfällt.

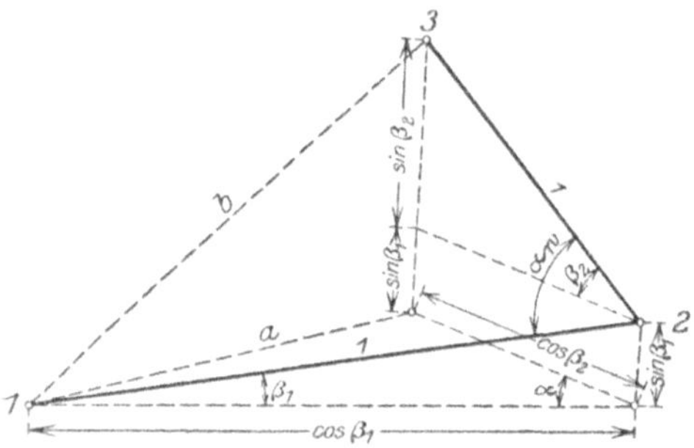

Abb. 8.

Ist α größer als 90°, so ist $\cos \alpha$ = dem negativen Sinus des Überschusses über 90°.

Umgekehrt, ergibt $\cos \alpha_w$ einen negativen Wert, so ist α_w größer als 90°. Man bestimmt zunächst den Überschuß über 90°, indem man den Sinus des Überschusses über 90° gleich dem positiven Wert von $\cos \alpha_w$ setzt.

Größe und Richtung der Resultierenden eines Raumknickpunktes. Die Größe und Richtung der Resultierenden eines Raumknickpunktes erhält man in einfacher Weise dadurch, daß man die Kräfte der Rohrschenkel jeweils in eine Horizontal- und eine Vertikalkraft zerlegt. Dann setzt man die so erhaltenen Horizontal- bzw. Vertikalkomponenten zu einer Horizontal- bzw. Vertikalresultierenden zusammen. Die Resultierende dieser Horizontal- und Vertikalresultierenden legt dann die Gesamtresultierende nach Größe und Richtung fest.

13. Einige typische Beispiele der verschiedenen Rohrleitungssysteme. Berechnung der Festpunkte.

1. Ein in der Horizontalebene liegendes Kniestück mit quadratischem Querschnitt werde an beiden Enden blindgeflanscht, mit Wasser gefüllt und unter Druck gesetzt. Das Kniestück kann dann als einfachstes Beispiel einer Rohrleitung mit „geschlossenem Rohrstrang“ aufgefaßt werden. Das Kniestück wird sich zunächst dem Druck entsprechend elastisch deformieren, dann aber unverändert seine Lage beibehalten. Sämtliche auftretenden Kräfte sind also in sich im Gleichgewicht. Infolge des Innendruckes wird sich der Querschnitt vergrößern, die beiden Schenkel werden sich verlängern und außerdem wird sich das Knie ein wenig strecken (s. Abb. 9). Die Streckung rührt daher, daß der auf die Fläche $a\,b$ wirkende Druck bei a durch die obere

und untere Wandfläche und außerdem durch die Seitenfläche aufgenommen wird, wogegen bei Punkt b diese Seitenfläche $b\,c$ fehlt.

Die Wandungen werden im Querschnitt, wenn d die lichte Weite, s die Wandstärke und H der Wasserdruck, mit einer Kraft:

$$\sigma = \frac{dH}{2s}$$

beansprucht. In der Richtung der Achse wird die Rohrwandung durch den auf den Blindflanschdeckel und die gegenüberliegende Fläche $a\,b$ wirkenden Druck auf Zug beansprucht. Die Größe dieser Zugbeanspruchung ist:

$$\sigma' = \frac{dH}{4s},$$

also halb so groß als diejenige im Querschnitt.

Die Längenänderung durch Temperatur, Streckung und Querzusammenziehung infolge des Innendruckes können sich ungehindert ausspielen.

2. Es liege dasselbe Kniestück wie oben vor, nur sind in die Schenkel Ausdehnungsstücke eingebaut. Der geschlossene Rohrstrang

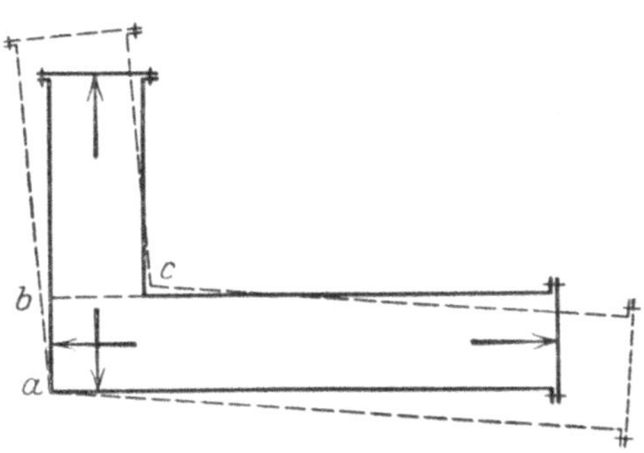

Abb. 9.

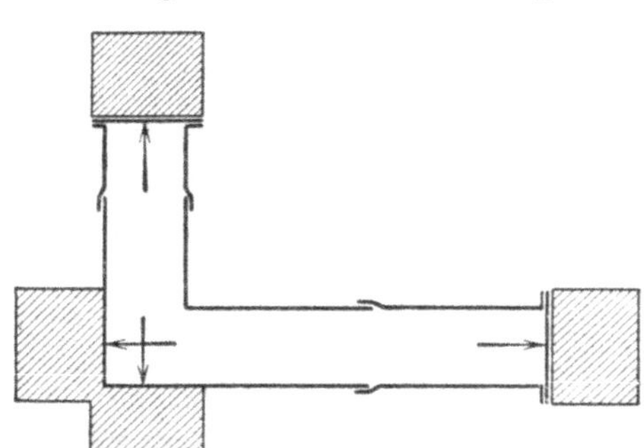

Abb. 10.

ist also in einem „aufgelösten" umgewandelt. Die Wandungen können keine achsenparallelen Kräfte mehr übertragen.

Die auf den Blindflanschdeckel und die gegenüberliegende Wandfläche wirkende Kraft muß also jeweils durch eine äußere Kraft abgestützt werden. Dies geschieht gewöhnlich durch Anbringen von Betonklötzen. Längenänderungen infolge Temperatur- und Querzusammenziehung können sich in den Ausdehnungsstücken ausspielen. Die Wandungen erleiden also nur Spannungen im Querschnitt infolge des Innendruckes. Die Anordnung 2. hat also gegenüber 1. den Vorteil, daß die Wandungen weniger beansprucht werden, jedoch den Nachteil, daß für die Betonklötze bedeutende Mehrkosten entstehen.

3. Rohrleitung mit aufgelöstem Rohrstrang und fliegender Endleitung mit geschlossenem Rohrstrang.

Die in Abb. 11 dargestellte Rohrleitung werde zwischen Punkt *1* und *3* als aufgelöste Leitung ausgebildet. In Punkt *3* sei die Verteilleitung als fliegende Leitung angeordnet. Der Rohrstrang *3*÷*4* muß also als geschlossene Leitung gebaut werden.

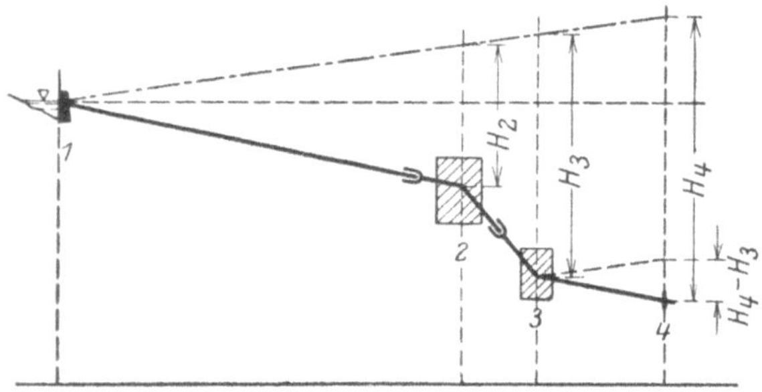

Abb. 11.

Auf beiden Seiten von Punkt *2* werden Ausdehnungsstücke angeordnet.

Auf Punkt *1* wirken folgende Kräfte:

a) die Eigengewichtskomponente der Rohrstrecke *1* bis zum Ausdehnungsstück, sofern sie nicht durch die Reibungskräfte in den Rohrauflagern aufgenommen wird;

b) Temperaturkräfte als Zug- oder Druckkraft, insoweit sie sich infolge der Reibungskraft in dem Ausdehnungsstück und infolge der Reibung auf den Auflagern ausbilden kann. Unter Umständen empfiehlt es sich, vor Punkt *1* ein zweites Ausdehnungsstück anzuordnen.

c) Querzusammenziehungskräfte als Zugkraft, insoweit sie sich infolge der Reibung in dem Ausdehnungsstück und infolge der Reibung auf den Rohrauflagern ausbilden können;

d) die Stopfbüchsenkraft als Druckkraft, insofern sie nicht von der Reibung auf den Auflagern aufgenommen wird.

Auf Punkt *2* wirken:

a) der Wasserdruck, gleich der Resultierenden aus dem Wasserdruck auf die obere und untere lichte Querschnittsfläche des Krümmers. In vorliegendem Fall ergibt dies eine bedeutende Kraft nach oben, zu deren Aufnahme meist recht umfangreiche Betonklötze benötigt werden;

b) die beiden Stopfbüchsenkräfte als Druckkraft;

c) die Temperaturkräfte als Zug- oder Druckkräfte bzw. die Querzusammenziehungskräfte, jedoch nur bis zur Größe der Reibungskraft in den Ausdehnungsstücken.

Punkt *3* ist der „Endfestpunkt" der aufgelösten Leitung, da von dort ab die Leitung als fliegende Leitung mit geschlossenem Rohrstrang ausgebildet ist. Es wirken auf ihn folgende Kräfte:

a) der Wasserdruck auf die obere lichte Querschnittsfläche des Krümmers;

b) der Wasserdruck auf die untere lichte Querschnittsfläche des Krümmers;

c) der Wasserdruck auf den Blindflansch bei Punkt *4*, der sich in der Rohrwandung als Zugkraft auf Festpunkt *3* überträgt. Diese Zugkraft ist um die der Höhendifferenz von H_4 und H_3 entsprechenden Kraft größer als die unter b) genannte Druckkraft. Diese beiden Kräfte heben sich also, bis auf die der Höhendifferenz $H_4 - H_3$ entsprechenden Zugkraft, gegenseitig auf. Ist die Strecke $3 \div 4$ kurz und horizontal, so wird letztere Kraft gleich 0. Der Endfestpunkt hat dann also den vollen einseitigen Wasserdruck a) in der Richtung der Strecke $2 \div 3$ zu übertragen;

d) die Stopfbüchsenkraft der Stopfbüchse unterhalb Festpunkt *2* wirkt als Druckkraft;

e) die Wasserdruckkräfte auf evtl. Übergangsstücke gemäß Formel (31), die sich durch die Rohrwandung auf Punkt *3* übertragen;

f) die Eigengewichtskomponente der Rohrwandung zwischen Ausdehnungsstück unterhalb Festpunkt *2* und Festpunkt *3* wirkt als Druckkraft, diejenige der Strecke $3 \div 4$ als Zugkraft, insofern sie nicht infolge der Reibung auf den Auflagern vernachlässigt werden kann.

g) die Temperatur- bzw. Querzusammenziehungskräfte der Strecke $2 \div 3$, insoweit sie sich infolge der Reibungskraft in dem Ausdehnungsstück ausbilden können. Auf der Strecke $3 \div 4$ sei angenommen, daß sich die Längenänderungen infolge Temperatur, Streckung und Querzusammenziehung frei ausspielen können. Die Strecke $3 \div 4$ übt also keine Temperatur- und Querzusammenziehungskräfte auf den Endfestpunkt aus.

Alle Kräfte wirken also mehr oder weniger einseitig auf den Endfestpunkt. Dieser erfordert daher gewöhnlich recht erhebliche Betonmassen. Es muß deshalb darauf geachtet werden, den Endfestpunkt an einer Stelle anzubringen, die eine einfache Übertragung der bedeutenden Kräfte auf den Untergrund ermöglicht. Dies ist gewöhnlich beim Übergang der Steilstrecke in die meist horizontale Verteilleitungsstrecke der Fall. Würde z. B. der Endfestpunkt in der Mitte zwischen Punkt *3* und *4* angeordnet, so würde er nicht mehr in der Richtung $2 \div 3$, sondern fast in horizontaler Richtung beansprucht werden, was wesentlich größere Betonmassen beanspruchen würde.

Aus dem Vorhergehenden ist auch zu erkennen, daß die Beanspruchung des Endfestpunktes dieselbe bleibt, in welcher Richtung auch (im Lageplan gesehen) die fliegende Leitung vom Endfestpunkt abzweigt. Immer wird der Endfestpunkt, da sich die Kräfte der fliegenden Leitung in sich aufheben, in der Richtung der Achse der letzten Rohrstrecke vor dem Endfestpunkt beansprucht. Dazu kommt allerdings evtl. die meist unwesentliche Zugkraft, die dem Wasserdruck $H_4 - H_3$ entspricht.

Ist die fliegende Leitung nicht gerade wie in vorliegendem Beispiel, sondern ein oder mehrere Male geknickt, so ist dies ohne Einfluß auf die Beanspruchung des Endfestpunktes, da sich ja die Kräfte in der fliegenden Leitung in sich aufheben.

4. Rohrleitung mit geschlossenem Rohrstrang und starren Knickpunkten. Es sei dieselbe Rohrleitung wie in Beispiel 3 gegeben, nur seien die Ausdehnungsstücke festgelegt. Es sei also statt einer aufgelösten Rohrleitung eine geschlossene gegeben. Dadurch kommen die Temperatur- und Querzusammenziehungskräfte voll zur Wirkung. Demnach ergibt sich für Punkt *1* folgende Beanspruchung:

a) Temperaturkräfte: Druckkräfte bei Erhöhung, Zugkräfte bei Verminderung der Temperatur. Als Ausgangstemperatur für Erhöhung bzw. Erniedrigung der Temperatur gilt diejenige Temperatur, die bei Erhärtung der Festpunkte *1* und *2* vorhanden war;

b) Querzusammenziehungskräfte: da die Füllung der Leitung erst nach Erhärtung der Festpunktklötze vorgenommen werden kann, so kommt diese Kraft voll als Zugkraft zur Auswirkung;

c) die Eigengewichtskomponente der Rohrstrecke $1 \div 2$ kommt für Punkt *1* nur dann in Frage, wenn von oben nach unten montiert wurde (was als Ausnahme zu bezeichnen ist).

Auf Festpunkt *2* wirken:

a) der Wasserdruck auf die obere und untere Querschnittsfläche,

b) die Temperaturkräfte,

c) die Querzusammenziehungskräfte,

d) die Eigengewichtskomponente der Strecke $1 \div 2$, für den Fall, daß von unten nach oben montiert wird.

Temperatur- und Querzusammenziehungskräfte heben sich unter Umständen gegenseitig auf. Bei starken Temperatursteigerungen wird jedoch gewöhnlich die Temperaturkraft die Querzusammenziehungskraft überwiegen, so daß außer durch den Wasserdruck auch noch durch die Temperatur eine nach oben gerichtete Resultierende entsteht, so daß die Betonmasse gegenüber Beispiel 3 noch größer angenommen werden muß. Nach oben geknickte Festpunkte werden also bei vorliegender Anordnung besonders teuer zu stehen kommen.

Der Endfestpunkt *3* wird genau wie in Beispiel 2 beansprucht, nur kommt noch die volle Temperatur- und Querzusammenziehungskraft der Strecke $2 \div 3$ zur Auswirkung.

Da die Druckkräfte in den Rohrwandungen bei der starren Anordnung der Festpunkte erheblich groß werden können, ist besonderes Augenmerk auf geeignete Vorkehrungen gegen das Ausknicken der Rohrstrecken zu richten.

5. Rohrleitung mit geschlossenem Rohrstrang und elastisch verschiebbaren Krümmern. Es sei dieselbe Rohrleitung wie im vorhergehenden Beispiel gegeben. Knickpunkt *2* wird jedoch nicht als starrer Festpunkt ausgebildet (vgl. Abb. 12). Im Gegenteil, man gibt dort der Rohrleitung Gelegenheit, die Längenänderungen durch elastisches Verschieben des Krümmers auszugleichen. Die Kräfteverteilung ist dann die folgende:

Auf Punkt *1* wirken:

a) die Eigengewichtskomponente der Rohrstrecke *1* ÷ *2*,

b) Zugkraft in der Rohrwandung, entsprechend der Wasserdruckkraft auf die obere Querschnittsfläche in Punkt *2*.

Temperatur- und Querzusammenziehungskräfte kommen nicht in Frage, da sie sich in Punkt *2* frei ausspielen können.

Auf Punkt *2* wirken:

a) Wasserdruck auf die obere Querschnittsfläche des Krümmers. Diese Kraft wird aufgehoben durch die gleich große von ihr hervorgerufene

b) Zugkraft in der Rohrwandung,

c) Wasserdruck auf die untere Querschnittsfläche des Krümmers. Diese Kraft wird aufgehoben durch die gleich große von ihr hervorgerufene

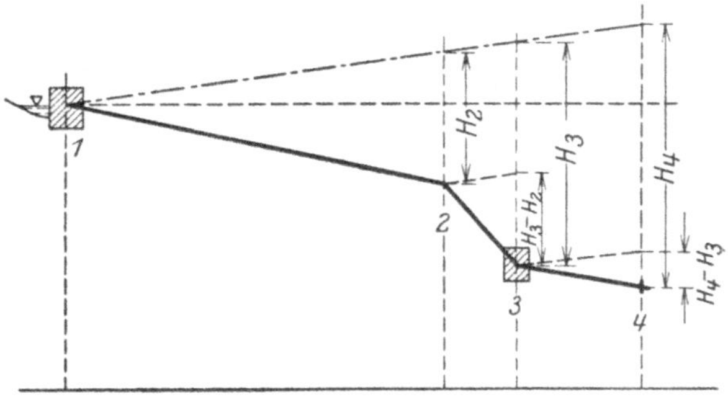

Abb. 12.

d) Zugkraft in der Rohrwandung.

Temperatur- und Querzusammenziehungskräfte kommen nicht in Frage, da die Rohrleitung sich in Punkt *2* frei bewegen kann.

Auf Punkt *3* wirken:

a) Wasserdruck auf die obere Querschnittsfläche des Krümmers; dieser Kraft wirkt die vom Wasserdruck in Punkt *2* herrührende

b) Zugkraft in der Rohrwandung entgegen. Es verbleibt also eine Druckkraft, die gleich dem Wasserdruck entsprechend der Druckhöhe $H_3 - H_2$ ist,

c) Eigengewichtskomponente der Rohrstrecke *2* ÷ *3*.

d) Wasserdruck auf die untere Querschnittsfläche des Krümmers. Dieser Kraft wirkt die vom Wasserdruck auf Punkt *4* herrührende

e) Zugkraft in der Rohrwandung entgegen. Es verbleibt also eine Zugkraft, die dem Wasserdruck aus der Druckhöhe $H_4 - H_3$ entspricht.

Temperatur- und Querzusammenziehungskräfte kommen nicht in Frage, da die Rohrleitung sich frei ausspielen kann.

Die Anordnung von elastisch verschiebbaren Krümmern spart also bedeutend an Betonmasse für die Festpunkte. Demgegenüber hat sie jedoch den Nachteil, daß in den Krümmern und in der Rohrwandung erhebliche, schwer kontrollierbare Materialbeanspruchungen entstehen.

14. Die Fließgeschwindigkeiten.

Um ein Versanden und Verschlammen der Rohrleitung zu verhindern, ist bei flachen Strecken eine Mindestgeschwindigkeit von 0,5 bis 1,0 m nötig.

Der Transport von Kies, kleineren Steinen usw. wird vom Wasser bei Fließgeschwindigkeiten übernommen, wie sie in folgender Tabelle unter Berücksichtigung der Neigung der Rohrachse zusammengestellt sind:

	tg α	v m/sek
Rohrachse senkrecht . .	∞	7,0
„ ansteigend . .	2,00	6,0
„ „ . .	1,00	4,0
„ „ . .	0,30	2,0
„ „ . .	0,15	1,5
„ „ . .	0,10	1,3
„ „ . .	0,06	1,2
„ „ . .	0,03	1,1
„ horizontal . .	0,00	1,0
„ fallend . .	0,03	0,9
„ „ . .	0,06	0,8
„ „ . .	0,10	0,5
„ „ . .	0,15	0,0

Ein Ausfällen des Sandes und Schlammes in Absitzbecken geschieht bei einer Geschwindigkeit von höchstens 0,3 m/sek.

Zur Verlangsamung des Rostens und der Inkrustation empfiehlt sich bei Eisenrohren eine Mindestgeschwindigkeit von 0,8 m/sek.

Überschreitet die Geschwindigkeit ein bestimmtes Maß, so wird die Rohrwandung angegriffen. Diese maximal zulässige Geschwindigkeit ist wesentlich von der mehr oder minder großen Sandführung des Wassers abhängig. Im Durchschnitt kann man als maximal zulässige Geschwindigkeiten für normale Druckrohrleitungen setzen:

Betonrohre (gewöhnliche Herstellung) . . . . . 6 m/sek
Eisenrohre . . . . 15 „
Holzrohre . . . . 12 „

Die mit Rücksicht auf die Druckhöhenverluste wirtschaftliche Geschwindigkeit wird in den praktisch vorkommenden Fällen diese Geschwindigkeit nicht erreichen.

Die wirtschaftlichste Geschwindigkeit ist je nach dem Gefälle und der Querschnittsgröße verschieden. Bei langen flachen Leitungen wird man im allgemeinen nicht über 3,0 m/sek gehen. Für Fallrohrleitungen findet man bei kleineren Durchmessern Fließgeschwindigkeiten bis etwa 3,0 m/sek, bei größeren Durchmessern bis zu 7,0 m/sek.

Im folgenden ist eine genaue Berechnungsmethode zur Ermittlung der wirtschaftlichsten Geschwindigkeit gegeben.

15. Der wirtschaftlichste Rohrdurchmesser.

Mit zunehmendem Rohrdurchmesser wachsen die Kosten der Rohrleitung, dagegen verringern sich die Reibungsverluste; d. h. es erhöht sich die Leistung. Die so gewonnene Mehrleistung verursacht für die übrigen Kraftwerksteile: Wasserfassung, Krafthaus, Maschinen usw. mit Ausnahme der Druckrohrleitung selbst und der Stromverteilungsanlagen, keine wesentlichen Mehrkosten. Der wirtschaftlich günstigste Rohrdurchmesser ergibt sich also, wenn die Summe — Jahreskosten der Rohrleitung + Jahreswert des Reibungsverlustes — ein Minimum wird. W. Bauersfeld[19]) und Adolf Ludin[20]) haben die zur mathematischen Berechnung des wirtschaftlichsten Rohrdurchmessers notwendigen Entwicklungen gegeben.

Für den wirtschaftlich günstigsten Durchmesser von eisernen Druckrohrleitungen erhält man demnach:

$$d = \sqrt[7]{\frac{101{,}3 \cdot \eta_1 \cdot \eta_2 \cdot \eta_3 \cdot \sigma \cdot w_1 \cdot (t_1 \cdot Q_1^3 + t_2 \cdot Q_2^3 + \cdots)}{\left(1 + \frac{p}{100}\right) \cdot \gamma \cdot k^2 \cdot H \cdot w_2}}. \qquad (33)$$

Für die obere Strecke der Druckrohrleitung mit einer Mindestwandstärke s_0

$$d = \sqrt[6]{\frac{101{,}3 \cdot \eta_1 \cdot \eta_2 \cdot w_1 \cdot (t_1 \cdot Q_1^3 + t_2 \cdot Q_2^3 + \cdots)}{\left(1 + \frac{p}{100}\right) \cdot \gamma \cdot k^2 \cdot s_0 \cdot w_2}}. \qquad (34)$$

d = lichter Rohrdurchmesser in m;
η_1 = Wirkungsgrad der Turbine (gewöhnlich 0,82);
η_2 = Wirkungsgrad des Generators (gewöhnlich 0,92);
η_3 = Güteverhältnis der Schweiß- bzw. Nietnaht ($0{,}70 \div 0{,}90$);
σ = zulässige Beanspruchung des Rohrmaterials in t/m²;
w_1 = mittlerer Wert einer kWStd. an den Generatorklemmen;
$t_1, t_2 \cdots$ = Anzahl der Betriebsstunden mit einer Beaufschlagung von $Q_1, Q_2 \ldots$;
$t_1 + t_2 + \cdots$ = Anzahl der Betriebsstunden im Jahr;
$Q_1, Q_2 \cdots$ = Wasserführung in m³/sek;
p = Prozentzuschlag zum Rohrgewicht für Flanschen, Muffen, Kompensationsstücke, Überlappungen usw. (gewöhnlich etwa $p = 10$);
γ = spezifisches Gewicht des Rohrmaterials (gewöhnlich = 7,8);
k = Koeffizient von Chezy (vgl. Formel 9);
H = gesamte Druckhöhe (statischer + dynamischer Druck in m);
w_2 = Jahreskosten einer Tonne eingebauten Eisens (Rohre einschl. Transport, Montage und Unterbau: Rohrgraben, Knickpunkte usw.)
s_0 = Mindestwandstärke in m.

Näherungsformeln:

Mit $\eta_1 = 0{,}82$; $\eta_2 = 0{,}92$; $\eta_3 = 0{,}85$; $p = 10$; $\gamma = 7{,}8$ und an Stelle von $(t_1 . Q_1{}^3 + t_2 . Q_2{}^3 + \cdots)$ $t \cdot Q'^3$, wobei t die jährliche Betriebsstundenzahl und Q' in m³/sek der kubische Mittelwert der Beaufschlagung, der etwas größer als die im Jahr gemittelte Beaufschlagung anzunehmen ist, erhält man:

$$d = \sqrt[7]{\frac{7{,}571 \cdot \sigma \cdot w_1 \cdot t \cdot Q'^3}{k^2 \cdot H \cdot w_2}} \tag{35}$$

und für die obere Strecke mit der Mindestwandstärke s_0

$$d = \sqrt[6]{\frac{8{,}907 \cdot w_1 \cdot t \cdot Q'^3}{k^2 \cdot s_0 \cdot w_2}}. \tag{36}$$

Formel für die Zunahme des Durchmessers von unten nach oben.

$$d_x = \sqrt[7]{\frac{H}{H_x}} \cdot d. \tag{37}$$

d_x = Durchmesser an einer beliebigen Stelle der Rohrleitung in m;
H_x = Gesamtdruckhöhe (stat. + dynam. Druck) an dieser beliebigen Stelle in m;
d = Durchmesser am unteren Ende der Rohrleitung in m;
H = Gesamtdruckhöhe (stat. + dynam. Druck) am unteren Ende der Rohrleitung in m;

Den Wert w_1 der kWh an der Generatorklemme erhält man, indem man entweder die Jahreskosten (Zins, Amortisation usw.) der gesamten Anlagekosten (Wasserfassung, Druckrohrleitung, Krafthaus, Maschinen, Schaltanlagen usw. mit Ausnahme der Transformatoren und der Stromverteilungsanlagen) oder die Einnahmen aus Stromabgabe vermindert um die Jahreskosten der Stromverteilungsanlagen durch die Anzahl der im Jahr an den Generatorenklemmen zur Verfügung stehenden kWh dividiert.

Die Jahreskosten w_2 von einer Tonne eingebauten Eisens erhält man, indem man die Jahreskosten (Zins, Amortisation usw.) der Anlagekosten der Rohrleitung (Rohre einschl. Transport und Montage, Unterbau: Rohrgraben, Knickpunkte usw.) durch das Rohrgewicht der gesamten Rohrleitung dividiert.

Die abgeleiteten Formeln gelten für eiserne Druckrohrleitungen. Der wirtschaftlichste Durchmesser für Beton- und Holzrohrleitungen läßt sich genau nur durch Vergleichsrechnung ermitteln. Näherungsweise ergibt er sich, wenn man sich an Stelle der Holz- oder Betonleitung eine eiserne Leitung denkt und für diese den wirtschaftlichsten Durchmesser ermittelt. Da die Kosten von Holz- und Betonleitungen bei Druckrohrleitungen im allgemeinen nicht wesentlich von denjenigen einer eisernen Leitung verschieden sein werden, ergibt diese Näherungsrechnung brauchbare Resultate. Man kann evtl. billigere Herstellungsmöglichkeiten von Beton- oder Holzrohren durch entsprechend niederes Einsetzen des Eisenpreises berücksichtigen.

Der Koeffizient von Chezy k ändert sich mit dem Durchmesser d. Man wird also k zunächst für ein geschätztes d annehmen. Ergibt dann die Rechnung einen wesentlich anderen Wert von d, so ist die Rechnung mit einem entsprechend verbesserten k erneut durchzuführen. Dasselbe gilt für die Druckhöhe H, da der dynamische Druckanstieg sich ebenfalls mit d ändert.

An Stelle des Ausdruckes $(t_1 \cdot Q_1^3 + t_2 \cdot Q_2^3 + \cdots)$ kann man näherungsweise $t \cdot Q'^3$ setzen, wobei Q' etwas größer als die im Jahr gemittelte Beaufschlagung angenommen werden kann.

Zur genauen Berechnung des Ausdruckes $(t_1 \cdot Q_1^3 + t_2 \cdot Q_2^3 + \cdots)$ gibt Ludin[20]) (Ste. 213) an Hand der Betriebskurve und Dauerlinie ein bequemes und übersichtliches Verfahren an.

Für das Albulawerk, das die Stadt Zürich mit Licht- und Kraftstrom versorgt, errechnet Ludin Q' zum 0,35 fachen der Ausbauwassermenge[20]) (Ste. 217). Für Werke mit weniger schwankender Belastung ist dieser Wert bedeutend höher anzunehmen, so wurde z. B. für das Zweribachwerk, das vorwiegend für den Bedarf einer Seidenspinnereifabrik den Strom liefert, Q' = der 0,75 fachen Ausbauwassermenge angenommen.

Zahlenbeispiel:

Das im Jahre 1924 erbaute Zweribachwerk[44]) ist eine Hochdruckwasserkraftanlage (statischer Druck 490 m) mit Wochenspeicherbecken zur Stromversorgung einer größeren Seidenspinnereifabrik.

Die Ausbauwassermenge beträgt 0,450 m³/sek. Der kubische Mittelwert der Beaufschlagung wurde zu drei Viertel der Ausbauwassermenge angenommen, also: $Q' = 0{,}337$ m³/sek. Die Anzahl der jährlichen Betriebstunden ist $t = 2600$ Std. Die zulässige Beanspruchung des Rohrmaterials war zu 8000 t/m² angenommen. Der mittlere Wert einer kWh an der Generatorklemme betrug $w_1 = 0{,}044$ M.

Die Baukosten der Rohrleitung betrugen:

Eiserne Rohrleitung frei Bahnstation	129 600 M.
Transport, Montage, Rohrgraben, Knickpunkte usw. .	75 100 „
Gesamtkosten	204 700 M.
Gesamtgewicht der Druckrohrleitung	327 t
also Baukosten 1 t eingebauten Eisens	$\frac{204\,700}{327} = 626$ M.
Für Verzinsung, Amortisation usw. seien 10% angenommen, so daß sich die Jahreskosten 1 t eingebauten Eisens ergeben zu	$w_2 = 62{,}6$ M.

Der Durchmesser der Rohrleitung am unteren Ende wurde zu $d = 0{,}425$ m angenommen. Mit einem Rauhigkeitskoeffizienten nach Kutter $m = 0{,}20$ ergibt sich der Koeffizient von Chezy $k = 62$.

Die Gesamtdruckhöhe (statischer + dynamischer Druck) wurde zu 600 m angenommen.

Diese Werte in Formel (35) eingesetzt, ergibt:

$$d = \sqrt[7]{\frac{7{,}571 \cdot 8000 \cdot 0{,}044 \cdot 2600 \cdot 0{,}337^3}{62^2 \cdot 600 \cdot 62{,}6}} = 0{,}407 \text{ m}.$$

Ausgeführt ist: $d = 0{,}425$ m.

16. Erneuerung und Unterhaltung.

Die Nutzungsdauer kann man, normale Verhältnisse vorausgesetzt, für Betonrohrleitungen mit 40 Jahren, für Eisen- und Holzleitungen mit 50 Jahren annehmen.

Als Erneuerungsquote setzt man entsprechend:

für Betonrohre . . . . 2,5 %
für Eisen- und Holzrohre . . . . 2,0 %.

Als Unterhaltungsquote kann man durchschnittlich für Beton-, Eisen- und Holzrohre 0,5 bis 1,0 % setzen.

B. Konstruktionsgrundlagen.

17. Feinrechen.

Die lichte Öffnung der Feinrechen richtet sich nach der Durchflußöffnung in der Turbine und nach der Empfindlichkeit der Rohrleitung gegen plötzliches Abschließen durch Verstopfen der Turbine oder plötzliches Öffnen durch Lösen einer Verstopfung. Im allgemeinen findet man bei Hochdruckanlagen zu große lichte Öffnungen der Feinrechen. Bei Peltonturbinen kann man etwa ein Fünftel des Düsendurchmessers als lichte Rechenweite wählen. Auch empfiehlt es sich bei Hochdruckanlagen an Stelle der seither üblichen Stabrechen, Maschenrechen anzuordnen, da sonst die Gefahr besteht, daß Eisenstäbe und ähnliche gefährliche Fremdkörper in die Leitung gelangen. Beim Zweribachwerk z. B. ($h = 500$ m, Beaufschlagung einer Peltonturbine: 0,150 m^3/sek) ist ein Maschenfeinrechen mit 8 mm Maschenweite angeordnet. Größere lichte Weiten als 2 cm sollte man vor Druckrohrleitungen überhaupt nicht in Anwendung bringen.

Die Größe der Rechenfläche richtet sich nach der Durchflußwassermenge, dem zu erwartenden Schwemmselanfall, der Reinigungsart (von Hand, maschinell), der Vereisungsgefahr u. ä. Jedenfalls ist die Rechenfläche so groß anzunehmen, daß jederzeit der Durchfluß der nötigen Triebwassermenge gewährleistet erscheint. Könnte sich der Rechen vollständig verstopfen, so würde die Rohrleitung leerlaufen. Würde sich dann unglücklicherweise die Verstopfung plötzlich lösen, so würden die in der Rohrleitung stürzenden Wassermassen diese ernstlich gefährden.

Durch stromlinienförmiges Ausbilden der Rechenstäbe kann an Rechenfläche gespart werden. Besteht jedoch die Gefahr, daß sich Kies o. ä. in die Rechenstäbe einklemmt, so ist der Kopf der Stäbe etwas abzuplatten und zu verdicken.

Die Rechen sind womöglich so zu konstruieren, daß sie den vollen einseitigen Wasserdruck aushalten können, mit Rücksicht auf evtl. vollständige Verlegung.

Die Reinigung der Rechen geschieht von Hand oder mit Rechenreinigungsmaschinen, die evtl. fernsteuerbar sind. Derartige Rechenreinigungsmaschinen empfehlen sich besonders bei Anlagen mit sehr hohem Gefälle, wo entsprechend feinmaschige Rechen anzuordnen sind. Ebenfalls sind Rechenreinigungsmaschinen am Platz, wenn der Rechen so tief liegt, z. B. bei Talsperren, daß er von Hand nicht mehr gereinigt werden kann. Bei Talsperren ist jedoch die Verlegung des Rechens meistens gering, da das Staubecken als Absitzbecken wirkt. Aufziehbare Rechen vor Druckrohrleitungen sind nicht empfehlenswert, da immerhin die Gefahr besteht, daß beim Aufziehen Fremdkörper hinter den Rechen und später in die Leitung kommen.

Der Rechen und die Einlauftrompete ist möglichst unterhalb des tiefsten Wasserspiegels anzuordnen, so daß sich kein Eis hinter dem Rechen bilden kann, das dann in die Druckrohrleistung gelangen könnte. Unter Umständen empfiehlt es sich, unmittelbar vor dem Einlauf noch einen Rechen mit einer Maschenweite von etwa 4 cm anzubringen. Schwemmsel, die den Feinrechen (mit höchstens 2 cm lichter Weite) passieren, verlegen also diesen Rechen nicht. Der Rechen dient nur dazu, größere Fremdkörper, Eisstücke usw., die irgendwie z. B. durch die Einsteigöffnung hinter den Feinrechen gekommen sind, vor dem Eintritt in die Rohrleitung zurückzuhalten. Da bei Hochdruckanlagen ein plötzliches Verstopfen katastrophale Folgen haben kann, erscheinen derartige Vorsichtsmaßnahmen sehr wohl angebracht. Ist ein Wasserschloß in die Druckrohrleitung eingeschaltet, so kann man auch dort nochmals einen Feinrechen anordnen, um Fremdkörper, die in dem Oberkanal in die Leitung kamen (abgebrochene Zementbrocken u. ä.), zurückzuhalten.

18. Einlaufbauwerk.

Der Scheitel des Einlaufrohres ist so tief unter das Absenkziel der Wasserfassung zu legen, daß die zur Erzeugung der Fließgeschwindigkeit nötige Druckhöhe vorhanden ist. Dabei ist zu berücksichtigen, daß bei kleinen Anlagen, die in kurzer Zeit von 0 auf Vollast geöffnet werden können, infolge des Druckabfalles in der Rohrleitung die Einlaufgeschwindigkeit zeitweilig über die stationäre Geschwindigkeit hinausschwingt.

Als Absperrorgane kommen Schieber, Drosselklappen und Dammbalken in Anwendung. Jedenfalls empfiehlt es sich, wenigstens zwei Absperrvorrichtungen anzuordnen, damit beim Versagen der einen doch noch die andere zur Verfügung steht. Der Abschluß der Absperrorgane erfolgt von Hand oder maschinell, die Auslösung geschieht automatisch oder mit elektrischer Fernübertragung durch Hubmagnete.

Die automatische Auslösung ist auf zwei Arten möglich:

a) eine mit einem Gewichtshebel verbundene Scheibe ragt in das Rohr hinein. Wird nun die zulässige Geschwindigkeit z. B. bei Rohrbruch um ein gewisses Maß überschritten, so ruft der gesteigerte Druck auf die Scheibe die Auslösung hervor. Die Empfindlichkeit kann bei sorgfältiger Ausführung und Wartung bis auf 0,5 m Geschwindigkeitsunterschied gesteigert werden. In der Praxis wird man aber mindestens mit 2 m Geschwindigkeitsunterschied rechnen müssen.

Es ist also der Scheitel der Drosselklappe so tief unter dem Absenkziel einzubauen, daß die zur Erzeugung der um diese 2 m vermehrten Einlaufgeschwindigkeit nötige Druckhöhe vorhanden ist.

b) Die Auslösung geschieht durch ein Membran, daß sich durchbiegt, sobald der Druck in der Rohrleitung ein gewisses Maß unterschreitet. Mit einer derartigen Auslösevorrichtung kann man z. B. erreichen, daß das Absperrorgan am Einlauf sich schließt, wenn durch zu rasches Öffnen der Turbinen Gefahr entsteht, daß Luft in die Druckrohrleitung eingesaugt wird, was zu unangenehmen Schlägen und Schwingungen Veranlassung geben kann. Aber auch für Rohrbrüche ist diese Auslösungsart anwendbar, da bei diesen ein starker Druckabfall in der Leitung entstehen wird.

Automatisch auslösbare Drosselklappen sind empfindliche Mechanismen, für die ein trockener und sauberer Raum und sorgfältige Wartung vorgesehen werden muß, damit sie im Notfall nicht versagen.

Bei Entnahme aus Stauseen mit mäßigen Stauspiegelschwankungen habe ich bei geringen Triebwassermengen, wie sie bei Hochdruckanlagen mit hohem Gefälle vielfach vorkommen, an Stelle der automatisch auslösbaren Drosselklappe den Einbau eines Kegelrohres, in Form der Venturimesser, vorgeschlagen. Der eingeengte Querschnitt wird mit einem gewissen Zuschlag so bemessen, daß nur die Triebwassermenge durchfließen kann. Ist diese Wassermenge so gering, daß sie bei Rohrbruch keinen empfindlichen Schaden verursachen kann, so verdient diese einfache und sichere Anordnung den Vorzug über die komplizierten und unsicheren automatisch auslösbaren Absperrorgane, um so mehr als diese auch nicht verhindern können, daß bei Rohrbruch der Inhalt der Rohrleitung selbst ausläuft.

Hinter den Absperrorganen am Einlauf ist ein Ent- und Belüftungsrohr bzw. -ventil anzuordnen, damit beim Füllen bzw. Entleeren die Luft in die Rohrleitung aus- bzw. eintreten kann. Bei Anordnung eines Ventils ist dafür zu sorgen, daß die Drosselklappenkammer Belüftungsmöglichkeit besitzt.

Befindet sich vor dem Absperrorgan noch eine längere Rohrstrecke z. B. bei einer Talsperre, so darf der Abschluß nicht plötzlich erfolgen. Drosselklappen sind z. B. mit einer Ölbremse zu versehen. Nur bei kurzen Rohrstücken vor dem Absperrorgan (einige wenige Meter) kann von dieser Bremsvorrichtung Abstand genommen werden.

19. Öffnen und Schließen von Druckrohrleitungen.

Von größter Wichtigkeit für die Sicherheit von Druckrohrleitungen ist die Art und Weise des Abschließens und Öffnens.

Beim Abschließen entsteht in der Rohrleitung eine Drucksteigerung, beim Öffnen ein Druckabfall. Da der Druckabfall bei zu raschem Öffnen so groß werden kann, daß der Wasserstrang abreißt, so kann im allgemeinen gesagt werden, daß das Öffnen größere Gefahren für die Druckrohrleitung mit sich bringt als das Schließen. Beim Abreißen des Wasserstranges entsteht nämlich ein Vakuum, so daß die Rohrleitung, wenn sie nicht genügend stark ist, plattgedrückt wird. Außerdem treten beim Wiederaufprallen der oberen abgerissenen Wassermassen auf die unteren so erhebliche Schläge auf, daß die Leitung dadurch zerstört werden kann.

Abschließen der Rohrleitung.

Bei auftretendem Kurzschluß muß die Beaufschlagung der Turbinen, soll ein Durchgehen verhindert werden, sofort weggenommen werden. Da aber plötzliches Abschließen zu starke Druckschwingungen hervorrufen würde, ordnet man im allgemeinen, zwangsläufig mit dem Turbinenregler verbunden, Strahlablenker oder Überdruckregler an. Der Regler nimmt also zunächst mit dem Strahlablenker oder dem Überdruckregler die dem raschen Belastungsabfall entsprechende Wasserbeaufschlagung weg und schließt dann mit der normalen Reglerschließzeit die Wasserzufuhr entsprechend ab. Der Strahlablenker oder Überdruckregler verursacht also eine gewisse Wasserverschwendung. Da diese aber bei normalem Betrieb sehr selten in Tätigkeit treten, fällt diese Wasserverschwendung nicht ins Gewicht.

Die Reglerschließzeit richtet sich nach dem bei ihr zu erwartenden Druckanstieg. Im allgemeinen wird man die Reglerschließzeit in solchen Grenzen halten, daß keine Drucksteigerungen über 20% des statischen Druckes eintreten. Insbesondere wenn der Wasserverlust des Strahlablenkers oder Überdruckreglers z. B. bei Laufwerken ohne Bedeutung ist, wird man die Reglerschließzeit sehr reichlich wählen. Beim Zweribachwerk ist z. B. die Reglerschließzeit mit 30 sek angenommen. Auf jeden Fall wird man die Reglerschließzeit wesentlich größer als die Laufzeit $\left(\frac{2L}{a}\right)$ wählen.

Ein plötzliches Abschließen ist unter Umständen durch Verstopfen der Ausflußöffnung möglich. Sind mehrere Turbinen vorhanden, so wird man annehmen dürfen, daß nicht alle gleichzeitig verstopfen. Man rechnet daher gewöhnlich nur mit dem plötzlichen Verstopfen einer Turbine. Insbesondere bei hohen Fließgeschwindigkeiten in der Druckrohrleitung wird man also darauf bedacht sein, daß keine Fremdkörper, die ein Verstopfen verursachen könnten, in die Leitung kommen.

Öffnen der Rohrleitung.

Wie oben bereits erwähnt, besteht bei zu raschem Öffnen die Gefahr des Abreißens des Wasserstranges. Wie aus Abb. 2 ersichtlich ist, besteht die Gefahr des Abreißens besonders dann, wenn die Öffnungszeit kleiner als $\frac{2L}{a}$ ist und bei nach oben geknickter Rohrtrasse. Ferner sieht man aus Abb. 2, daß das Abreißen an jeder Stelle der Rohrleitung, also nicht bloß an den Knickpunkten eintreten kann.

Man wird im allgemeinen die Öffnungszeit nie kleiner als die Laufzeit $\frac{2L}{a}$ wählen und möglichst nicht unter etwa 8 sek.

Sehr gefährlich ist das plötzliche Öffnen, wie es etwa durch Bruch eines Absperrorganes, durch Ausblasen einer Muffendichtung oder durch plötzliches Lösen einer Verstopfung verursacht werden kann. Je empfindlicher eine Leitung (z. B. bei nach oben geknickter Trasse) gegen plötzliches Öffnen ist, desto größere Sorglaft muß darauf verwandt werden, daß ein derartiger Bruch oder ein Verstopfen der Ausflußöffnung unmöglich ist.

20. Automatisches Überdruckventil.

Zur Verhinderung übermäßiger Drucksteigerungen sind verschiedentlich automatische Überdruckventile empfohlen worden. Diese Überdruckventile sind nicht zu verwechseln mit den im vorhergehenden genannten Überdruckreglern. Die Überdruckregler sind zwangsläufig mit dem Turbinenregler verbunden und öffnen sich nur bei raschem Belastungsabfall. Verstopft sich aber z. B. eine Turbine, so entsteht in der Druckrohrleitung ein gefährlicher Überdruck, der Turbinenregler öffnet aber den Überdruckregler nicht, da kein Belastungsabfall vorliegt. Um Mißverständnisse zu vermeiden, würde man den Überdruckregler besser „Wasserablenker“ nennen, entsprechend dem Strahlablenker bei den Peltonturbinen.

Überdruckventile haben also die Aufgabe, gefährliche Drucksteigerungen in der Rohrleitung zu verhindern. Die zulässige Drucksteigerung beträgt aber gewöhnlich nicht über 20% des statischen Druckes. Soll das Überdruckventil nun bereits ansprechen, wenn dieser verhältnismäßig geringe Druckanstieg überschritten wird, so wird es konstruktiv schwierig sein, das Überdruckventil dicht zu bekommen. Es besteht also die Gefahr eines ständigen Wasserverlustes im Überdruckventil.

Ferner: Soll das Überdruckventil seinen Zweck erfüllen, so muß es bei auftretendem Überdruck rasch öffnen. Das Schließen muß jedoch sehr langsam geschehen, da sonst wiederum zu große Drucksteigerungen entstehen könnten. Dieser Wechsel von Öffnen und Schließen kann aber leicht zu angefachten Schwingungen Veranlassung geben, die überaus gefährlich werden können.

Sollten diese Übelstände vermieden werden, so ergibt das Überdruckventil einen komplizierten und unzuverlässigen Apparat. Man wird also im allgemeinen von derartigen Ventilen Abstand nehmen und lieber durch sorgfältige Konstruktion des Feinrechens, des Turbinenreglers und der Absperrorgane dafür sorgen, daß keine übermäßigen Druckbeanspruchungen in der Leitung vorkommen können.

21. Windkessel.

Es liegt an und für sich der Gedanke nahe, die Druckänderungen durch Einbau eines Windkessels vor dem Absperrorgan zu mildern. Dies hat aber insofern konstruktive Schwierigkeiten, als es schwer hält, die Luft im Windkessel zu erhalten. Man muß Luftpumpen vorsehen, die von Zeit zu Zeit evtl. automatisch die Luft erneuern. Außerdem hat aber Alliévi nachgewiesen, daß das Anwendungsgebiet für Windkessel sehr beschränkt ist[8]) (Ste. 101ff). Alliévi schreibt: „Die praktische Erfahrung hat nun aber gezeigt, daß der Windkessel keineswegs die ihm zugeschriebenen Funktionen befriedigend erfüllt und werden wir auch in den nachfolgenden theoretischen Betrachtungen nachweisen, daß diese Minderwertigkeit des Windkessels ihre theoretische Begründung hat“ ... „Aus den vorstehenden Untersuchungen und dem angeführten Zahlenbeispiel folgt, daß die hauptsächlichste Wirkung des Windkessels in einer Verzögerung des auftretenden Druckmaximums besteht. Der beim Schließen eines Absperrorganes auftretende Überdruck kann also durch Anwendung eines Windkessels leicht herabgemindert werden, sofern die Bewegung des Absperrorgans innerhalb $\frac{2L}{a}$ sek stattfindet. Dies wäre theoretisch der einzige Fall, in welchem sich das Anbringen eines Windkessels zwecks Verminderung des Überdruckes empfiehlt. Ist hingegen die Schließzeit des Absperrorgans größer als $\frac{2L}{a}$, so wäre das Anbringen eines Windkessels zwecks Verminderung des Überdruckes ein technischer Nonsens.“

Die Schließzeiten werden aber bei normalem Betrieb immer über $\frac{2L}{a}$ sek gewählt. Der Windkessel hätte also nur einen Wert bei sehr raschem Abschließen oder Öffnen. Es wird also vorteilhaft sein, an

Stelle eines Windkessels, größte Sorgfalt auf die Feinrechenanlage, den Turbinenregler und die Abschlußorgane zu legen, so daß ein plötzliches Abschließen oder Öffnen ausgeschlossen erscheint.

22. Wasserschloß.

Wie oben erwähnt, besteht die Gefahr des Abreißens des Wasserstranges insbesondere bei nach oben geknickten Rohrtrassen. Man wird also, wenn irgend möglich, am Ende einer langen flachen oberen Strecke ein Wasserschloß anordnen, wodurch man folgende Vorteile erreicht: Die Gefahr des Abreißens wird vermindert. Die obere Flachstrecke wird der dynamischen Druckwirkung beim Bewegen des Absperrorgans entzogen. Die Druckschwankungen werden, da für sie nur noch die Länge der Fallrohrleitung in Rechnung zu setzen ist, geringer.

Es hat sich im praktischen Betrieb verschiedentlich herausgestellt, daß das Wasserschloß angefachte Schwingungen verursacht. Um diese Schwingungen, die sehr unangenehm werden können, zu verhindern, muß das Wasserschloß einen Mindestquerschnitt haben. Fredrik Vogt[9]) entwickelt auf Grund der Theorie von Thoma für den Mindestquerschnitt eine Formel, die in folgender Form angeschrieben werden kann:

$$F > \frac{k^2 \cdot f^{1,5}}{6,955\, H_n}. \tag{38}$$

F = Mindestquerschnitt des Wasserschlosses in m^2;
k = Koeffizient von Chezy (vgl. Formel 9);
f = lichter Rohrquerschnitt der Rohrleitung zwischen Wasserfassung und Wasserschloß in m^2;
H_n = Nutzgefälle in m.

Für Hochdruckanlagen, bei denen f klein und H_n groß ist, erhält man verhältnismäßig kleine Werte von F. Man wird jedoch im allgemeinen den Wasserschloßquerschnitt nicht kleiner als den Rohrquerschnitt annehmen. Der Mindestquerschnitt ist auch für sogenannte gedämpfte Wasserschlösser erforderlich. Die Dämpfung ist also ohne Einfluß auf die angefachten Schwingungen und dämpft nur den Anstieg bzw. Abfall des Wasserschloßspiegels.

Was hier über Wasserschlösser gesagt ist, gilt auch sinngemäß für wasserschloßähnliche Beileitungen von Seitenbächen u. ä.

Es ist noch zu beachten, daß in Formel (38) k und damit F um so größer wird, je glätter die Rohrwandung eingeschätzt wird. Man rechnet also vorsichtig, wenn man die Rohrwandung möglichst glatt einschätzt. (Meistens wird sich bei Rohrleitungen für diesen Fall $m = 0,20$ bzw. $n = 0,012$ empfehlen.)

23. Eisen-, Beton-, oder Holzrohre?

Als Baustoffe für Druckrohrleitungen stehen Eisen, Beton und Holz zur Verfügung. Welcher von diesen drei den Vorzug verdient, ist jeweils von Fall zu Fall zu entscheiden.

1. Eisenrohre.

a) Gußeisen. Gußeiserne Rohre finden nur sehr selten Verwendung für Druckrohrleitungen. Sie kommen infolge ihrer Sprödigkeit nur für solche Rohrstrecken in Frage, in denen keine nennenswerten dynamischen Drucksteigerungen auftreten, also für Beileitungen, für Leitungen mit anschließendem Wasserschloß o. ä.

Gußeiserne Rohre werden nach den Normalien von 1882 als Muffen- oder Flanschenrohre mit lichten Durchmessern bis 1,20 bzw. 0,95 m hergestellt.

b) Flußeisen, und zwar meist Siemens-Martin-Flußeisen ist der gebräuchlichste Baustoff für Druckrohrleitungen. Es ist darauf zu achten, daß das Material möglichst elastisch ist, da dadurch die dynamischen Druckbeanspruchungen bedeutend verringert werden.

Die Rohre werden geschweißt oder genietet. In neuerer Zeit treten infolge der Fortschritte in der Schweißtechnik die genieteten Rohre immer mehr in den Hintergrund. Bei den geschweißten Rohren unterscheidet man die sogenannten patentgeschweißten Rohre (Patent Kuntze) (nur für niedere Drücke) und die wassergasüberlapptgeschweißten Rohre.

Bei Rohrleitungen nach Patent Kuntze werden die einzelnen Rohre durch autogene Schweißung an Ort und Stelle zu einem durchlaufenden Rohrstrang zusammengeschweißt. Krümmungen werden als Segmentkrümmer an Ort und Stelle autogen zugeschnitten und ebenso geschweißt. Das Verfahren eignet sich also besonders für Rohrleitungen, die sich eng dem Gelände anschmiegen; ist aber nur für geringen Innendruck verwendbar.

c) Stahl findet Verwendung für die nahtlos gezogenen Rohre und für besonders hohe Drücke, bei denen Flußeisen nicht mehr ausreicht. Die größte Druckhöhe, die bis jetzt ausgenützt wurde, ist diejenige des Lac de Fully im Kanton Wallis mit 1650 m Gefälle[42]). Der untere Teil dieser Rohrleitung besteht aus nahtlos gezogenen Stahlrohren der Firma Thyssen & Co. von 0,50 m lichter Weite und 45 mm Wandstärke.

Vorzüge der Rohre aus Flußeisen und Stahl.

Beste Gewähr für Wasserdichtigkeit der Rohrwandung und Verbindungen.

Glatte Innenwandung, daher geringe Reibungsverluste.

Große Widerstandsfähigkeit gegen Ausschleifen durch Sand o. ä.

Große Nutzungsdauer.

Einfache Montage.

Große Baulängen (10—12 m), daher wenig Verbindungsstellen.

Große Festigkeit gegen den statischen und dynamischen Wasserdruck.

Nachteile der Rohre aus Flußeisen und Stahl.

Hohe Gestehungskosten.

Rost und Inkrustationsgefahr.

Geringe Widerstandsfähigkeit gegen chemische Angriffe.

Geringe Widerstandsfähigkeit gegen Außendruck.

Schwieriger Transport (Rücksichtnahme auf Verbeulen usw.).

Große Wärmeleitung, daher starkes Abkühlen des Wassers (Gefriergefahr).

Große Wärmeausdehnung, daher große Temperaturkräfte oder Temperaturbewegungen.

2. Betonrohre.

a) Beton ohne Eiseneinlagen. Die normalen fabrikmäßig hergestellten Betonrohre kommen nur für sehr geringen Innendruck (einige wenige Meter) in Frage.

b) Eisenbetonrohre. Man unterscheidet Rohrleitungen aus einzelnen fabrikmäßig hergestellten Eisenbetonrohren und kontinuierlich an Ort und Stelle hergestellte Eisenbetonrohrleitungen. Infolge der Temperatur- und Querzusammenziehungskräfte, die erheblich groß werden können, ist neben der Ringarmierung eine gute Längsarmierung vorzusehen.

Vorzüge der Eisenbetonrohre.

Mäßige Herstellungskosten.

Große Widerstandsfähigkeit gegen Außendruck (Verkehrslast, Atmosphärendruck usw.).

Geringe Wärmeleitung und Wärmeausdehnung.

Nachteile der Eisenbetonrohre.

Wie aus Gleichung 13 ersichtlich ist, wird nicht die volle Zugbeanspruchung des Eisens ausgenützt. Beton selbst hat eine geringe Zugfestigkeit. Also werden Eisenbetonrohre nur für Druckrohrleitungen, deren Gesamtdruck (statischer + dynamischer Druck) klein ist, in Frage kommen können. Eine weitere Beschränkung der Eisenbetonleitungen liegt darin, daß von etwa $3 \div 4$ at an die Rohrwandungen ihre Wasserundurchlässigkeit verlieren, Es müssen dann besondere Dichtungsschichten (Blechauskleidung usw.) eingebracht werden. Bei höheren Drücken verursacht es große konstruktive Schwierigkeiten, Muffen, Ausdehnungsfugen usw. dicht zu bekommen.

Die Reibungsverluste sind größer als bei Eisen und Holz.

Geringe Widerstandsfähigkeit gegen Ausschleifen durch Sand o. ä.

Sehr große Empfindlichkeit gegen chemische Angriffe des Wassers.

Schwieriger Transport (großes Gewicht).

Sprödigkeit des Rohrmaterials, daher große Empfindlichkeit gegen Stöße.

Eisenbetonleitungen kommen also meistens nur dann in Frage, wo einfache Zufahrtsmöglichkeit zur Einbaustelle besteht. Außerdem ist Voraussetzung für eine Eisenbetonleitung, daß keine großen dynamischen Drucksteigerungen auftreten können. Da dies aber bei Druckrohrleitungen, die direkt von der Wasserfassung zur Turbine führen, meist unvermeidlich ist, so kommen meines Erachtens Eisenbetonrohre für derartige Leitungen kaum in Frage. Sehr wohl eignen sie sich jedoch für Leitungen, bei denen ein Wasserschloß das Auftreten von dynamischen Drucksteigerungen verhindert, oder für Beileitungen, die entweder nicht oder nur sehr langsam abschließbar sind. Es ist daher sorgfältig darauf zu achten, daß Eisenbetonleitungen nicht rasch (z. B. durch Zufallen eines Schützes) abgeschlossen werden, da der dann auftretende Druckanstieg ($h' = 102\,v$) meist gleichbedeutend mit der Zerstörung ist. Ebenso gefährlich kann aber auch ein plötzliches Öffnen (z. B. beim Bruch einer Muffe) werden. Auch beim Füllen von Eisenbetonleitungen ist mit äußerster Vorsicht zu verfahren, damit das Auftreten von Wasserschlägen vermieden wird.

3. Holzrohre.

Holzrohre werden für kleinere Durchmesser fabrikmäßig hergestellt und als fertig gewickelte Rohre an die Baustelle geliefert. Bei größerem Durchmesser werden die Rohre jedoch aus den einzelnen Dauben und Spannringen an Ort und Stelle kontinuierlich zusammengebaut.

Vorzüge der Holzrohrleitungen.

Niedrige Herstellungskosten.

Geringes Gewicht.

Einfacher Transport an die Einbaustelle auch in schwierigem Gelände.

Einfache Montage.

Leichtes Anschmiegen der Rohrleitung an das Gelände. Kontinuierliche Holzrohrleitungen lassen sich ohne weiteres in Radien bis zum 90 fachen Rohrdurchmesser biegen.

Geringer Reibungsverlust.

Geringe Wärmeausdehnung.

Geringe Wärmeleitung.

Große Widerstandsfähigkeit gegen chemische Einflüsse und gegen Ausschleifen durch Sand o. ä., daher große Nutzungsdauer.

Nachteile der Holzrohrleitungen.

Geringe Gewähr für Wasserdichtigkeit (Stoßstellen, Astlöcher).
Geringe Widerstandsfähigkeit gegen Außendruck.
Fäulnisgefahr des Holzes und Rostgefahr der Bügel.
Schwieriger Anschluß an Schieber, Drosselklappen u. ä.
Schwieriges Ausbilden von scharfen Krümmungen.

Um die Wassersättigung des Holzes, welche für die Lebensdauer der Holzrohre von großer Bedeutung ist, zu gewährleisten, soll der Wasserdruck möglichst nicht unter 4 m betragen. Freispiegelleitungen sind also für Holzrohrleitungen nicht empfehlenswert. Durch Einbau von sogenannten Mönchen muß gegebenenfalls für den nötigen Wasserdruck gesorgt werden.

Holzrohrleitungen sind nur bis zu einer gewissen Grenze des Innendruckes anwendbar, die theoretisch dadurch gegeben ist, daß der Eisenbedarf für die Bügel ebenso groß wird wie derjenige einer vollständig eisernen Leitung. Praktisch wird das Anwendungsgebiet noch etwas unter dieser theoretischen Grenze liegen, wenn nicht besondere Umstände (chemische Bestandteile des Wassers, Rücksichten auf Temperatur u. ä.) eine Holzrohrleitung wünschenswert erscheinen lassen.

Im allgemeinen werden sich Holzrohrleitungen nicht als Druckrohrleitungen, die unmittelbar von der Wasserfassung zur Turbine führen, eignen, da die dynamischen Drucksteigerungen gewöhnlich die für Holzrohrleitungen zulässige Höhe überschreiten werden. Es gilt also sinngemäß das bei den Eisenbetonleitungen darüber Gesagte.

Lichter Rohrdurchmesser in m	Normale Betonrohre ohne Eiseneinlage	Eisenbetonrohre	Eisenbetonrohrleitung fortlaufend	Holzrohre
	Statischer + dynamischer Druck in m			
0,30	6	50	—	70
0,40	6	40	—	70
0,50	5	30	—	70
0,60	5	25	—	65
0,70	4	25	—	60
0,80	4	25	40	55
0,90	4	20	40	50
1,00	4	20	35	40
1,20	—	—	30	40
1,40	—	—	30	35
1,60	—	—	25	35
1,80	—	—	25	30
2,00	—	—	20	25
2,50	—	—	20	25
3,00	—	—	20	25

Auf Seite 47 ist eine Tabelle gegeben, aus der der Verwendungsbereich der Beton- und Holzrohre ersichtlich ist. Es sei bemerkt, daß die angegebenen Werte Mittelwerte sind, die mit Rücksicht auf die meist Schwierigkeiten machenden Verbindungsstellen etwas vorsichtig angenommen wurden. Bei Spezialkonstruktionen können entsprechend höhere Werte erreicht werden.

In Frankreich ist der Oberkanal des Wasserkraftwerks Drac-Romanche als Eisenbetondruckrohr von 6,00 m lichter Weite ausgebildet (Die Wasserkraft 1925, Nr. 20, Ste. 334). In Amerika[43]) (Ste. 30) ist eine Holzrohrleitung von 4,10 m lichter Weite ausgeführt.

24. Aufgelöste oder geschlossene Rohrleitung?

Wie in Ziff. 11 erläutert, muß man prinzipiell zwei Rohrleitungssysteme unterscheiden: Rohrleitungen mit aufgelöstem und geschlossenem Rohrstrang. Welche von beiden jeweils die günstigste ist, kann nur von Fall zu Fall entschieden werden.

Aufgelöste Rohrleitungen

kommen vorwiegend für offen verlegte Leitungen mit großen Temperaturunterschieden und verhältnismäßig geradliniger Trasse in Frage, da man in letzterem Fall für die Festpunkte nicht allzuviel Betonmasse benötigt. Nach oben oder im Lageplan stark geknickte Festpunkte verursachen dagegen meist einen erheblichen Materialaufwand an Beton, so daß für derartige Leitungen besser die geschlossene Bauweise mit elastisch verschiebbaren Krümmern gewählt wird. Aufgelöste Bauweise empfiehlt sich auch für Leitungen mit hohem Druck. Das an und für sich hoch beanspruchte Material erleidet dann keine achsenparallele Zusatzbeanspruchungen durch Temperatur- und Querzusammenziehungskräfte, die bei hohem Innendruck ebenfalls sehr groß sein würden. Bei sehr hohem Druck erreicht man aber eine Grenze, wo die Reibungskraft in den Ausdehnungsstücken so groß wird, daß die aufgelöste Bauweise keine nennenswerten Vorteile mehr bieten kann.

Jede Muffenleitung ist eine aufgelöste Rohrleitung, also durch entsprechende Festpunkte zu fixieren. Für Muffenleitungen muß man daher möglichst geradlinige oder nach innen geknickte Trassen aussuchen. Bei gutem Baugrund und geringem Innendruck kann man besondere Festpunkte sparen, indem man die Leitung in einem Rohrgraben verlegt. Die Fixierung wird dann durch das umgebende Erdreich übernommen. Muffenrohre haben den großen Vorzug, daß sie kleine Achsenverschiebungen zulassen, was insbesondere bei der Montage, beim Anschluß an Krümmer usw. von Vorteil ist.

Bei der aufgelösten Bauweise ist etwa alle $100 \div 200$ m ein Festpunkt vorzusehen.

Es ist darauf zu achten, daß die Rohre genau in einer geradlinigen Achse verlegt werden, da sonst die Gefahr des Ausknickens besteht. Unter Umständen müssen gegen das Ausknicken in gewissen Abständen Bügel angeordnet werden, die aber so ausgebildet werden müssen, daß sie das freie Spiel der Temperatur-, Querzusammenziehungskräfte usw. nicht hindern.

Die Ausdehnungsstücke werden gewöhnlich unmittelbar unterhalb des oberen Festpunktes angeordnet. Es ist aber jeweils von Fall zu Fall zu untersuchen, ob das Ausdehnungsstück nicht vorteilhafter in der Mitte oder am unteren Ende anzuordnen ist. Da die Montage gewöhnlich von unten nach oben erfolgt, ist für sie die Anordnung unterhalb des oberen Festpunkts am bequemsten. Die Anordnung in der Mitte hat den Vorteil, daß dort die Längenänderungen nur halb so groß sind wie am oberen oder unteren Ende. Legt man das Ausdehnungsstück an das untere Ende, hängt man also die Leitung sozusagen am oberen Festpunkt auf, so fällt die Knickbeanspruchung weg. Bei flachen Strecken, bei denen ein Ineinanderschieben durch das Eigengewicht nicht in Frage kommt, kann man auch mehrere Ausdehnungsstücke anordnen.

Bei einem Längenprofil gemäß Abb. 11 empfiehlt es sich, z. B. unmittelbar oberhalb des Knickpunktes *2* ein Ausdehnungsstück anzuordnen, um mit Sicherheit einen Schub auf den an und für sich stark beanspruchten Festpunkt *2* zu vermeiden.

Die Reibung auf den Rohrsätteln ist durch zweckmäßige Ausbildung möglichst herabzumindern. Unter Umständen empfiehlt sich sogar Rollenauflagerung.

Geschlossene Rohrleitung.

a) Mit starren Knickpunkten. Derartige Leitungen kommen meistens nur in Frage bei niedrigem Wasserdruck, geringen Temperatur- und Querzusammenziehungskräften, also vorwiegend bei verdeckten Leitungen, bei denen man die Fixierung nicht durch besondere Betonfestpunkte, sondern durch das umgebende Erdreich erreicht.

b) Mit elastisch verschiebbaren Krümmern. Diese Leitungen empfehlen sich besonders bei terrassenförmig abfallenden Trassen. Die Knickpunkte nach oben, die für die anderen Rohrleitungssysteme sehr unangenehm sind, sind hier willkommen und werden zum Ausgleich der Temperaturdehnungen, Streckungen und Querzusammenziehungen benutzt. Die Knickwinkel sollen möglichst rechtwinklig sein, da flache Winkel ungenügend Spielraum haben und daher so gut wie wirkungslos sind. Außerdem ist darauf zu achten, daß die Schenkel der Rohrstrecken nicht zu kurz sind, damit keine zu großen Biegungsbeanspruchungen auftreten. Durch Eindecken, Überdachung, Umhüllung mit Wärmeisolationsmaterialien usw. wird man darauf bedacht sein, die Temperaturausdehnungen möglichst zu beschränken. Eine gewisse Beschränkung der Bewegung der elastisch verschiebbaren Krümmer kann man auch dadurch erreichen, daß man gefederte Ankerbügel anbringt. Die Ankerbügel nehmen dann nur so viel an Kraft auf als der Federkraft entspricht.

Ganz allgemein ist die Verwendung geschlossener Rohrleitungen mit elastisch verschiebbaren Krümmern bei den Verteilleitungen vor den Turbinen, die dann gewöhnlich als „fliegende Leitungen" bezeichnet werden. Auch bei diesen ist darauf zu achten, daß die Abzweigungen möglichst rechtwinklig erfolgen und die Schenkel nicht zu kurz sind, so daß überall genügend Spielraum für die Temperaturdehnungen, Streckung und Querzusammenziehung vorhanden ist.

Man wird derartig fliegende Leitungen im allgemeinen nicht länger als höchstens 100 m machen können, da sonst die Längenänderungen zu groß werden. Jedenfalls ist insbesondere bei verhältnismäßig langen Verteilleitungen auf guten Temperaturschutz zu sehen.

Wiederholt sind auch schon Kombinationen zwischen starren und fliegenden Leitungen ausgeführt worden, indem das Ende der Verteilleitung durch einen Betonklotz abgesteift wurde, der nur einen Teil der Kräfte aufnimmt und im übrigen elastisch nachgibt. Derartige elastisch bewegliche Festpunkte, die allerdings meistens unbewußt aus Unkenntnis der Kräftewirkungen in Druckrohrleitungen angeordnet sein dürften, sind aber nicht empfehlenswert, da die Gefahr besteht, daß sie plötzlich brechen, abscheren o. ä. Dieser Mißstand läßt sich allerdings verhüten, wenn man die Rohrleitung gegen den Festpunkt mit einer Feder absteift und den Festpunkt so stark macht, daß er der Federkraft standhält.

25. Verdeckte oder offene Rohrleitungen?

Ob die Rohrleitung verdeckt oder offen zu verlegen ist, kann nur von Fall zu Fall entschieden werden.

Die Eindeckung hat insbesondere den Vorzug des Temperaturschutzes, wird daher namentlich dort zur Anwendung kommen, wo dieser besonders wichtig ist, also bei Rohrleitungen mit geschlossenem Rohrstrang. Das Verlegen in einem Rohrgraben ermöglicht es unter Umständen, das umgebende Erdreich zur Fixierung der Leitung heranzuziehen und erspart dann besondere Betonfestpunkte. Bei unterirdischer Verlegung kann meistens von einem Grunderwerb abgesehen werden, da ein Nutzungsrecht genügt. Die unterirdische Verlegung hat außerdem den Vorteil, daß das Landschaftsbild nicht gestört wird. Ferner spricht für verdeckte Verlegung die Sicherheit gegen Steinschlag, stürzende Bäume, Sabotageakte und militärische Zerstörung.

Offene Rohrleitungen können jederzeit leicht auf Wasserdichtigkeit und allgemeinen Bauzustand kontrolliert werden. Die Erneuerung des Rostschutzanstriches und sonstige Reparaturen sind einfach durchzuführen. Bei sachgemäßer Ausführung ist jedoch ein Undichtwerden kaum zu befürchten. Ebenso stehen in neuerer Zeit so gute Rostschutzmittel zur Verfügung, daß die Unzugänglichkeit der verdeckten Rohrleitungen in dieser Hinsicht an Bedeutung verloren hat. Eine Kontrolle der verdeckt liegenden Leitungen auf Wasserverluste kann man jederzeit dadurch durchführen, daß man bei entleerter Wasserfassung und abgeschlossener Leitung nachprüft, ob und wieviel sich der Wasserspiegel im Rohr in einem gewissen längeren Zeitraum senkt.

Die Eindeckung fixiert infolge der Reibung in mehr oder weniger starker Weise den Rohrstrang. Dies ist teils willkommen, teils nicht. Bei Rohrleitungen mit aufgelöstem Rohrstrang entstehen infolge der Reibung zwischen Rohr und Eindeckung achsenparallele Kräfte, die ja eben durch die aufgelöste Bauweise vermieden werden sollen. Man wird daher bei eingedecktem aufgelösten Rohrsträngen die Ausdehnungsstücke in möglichst geringer Entfernung voneinander anordnen. Dies führt zu Muffenleitungen, bei denen jede einzelne Muffe als Ausdehnungsstück angesehen werden kann.

Bei großen Durchmessern und mehreren parallelen Rohrsträngen werden die Tiefbauarbeiten zur Eindeckung sehr umfangreich, weshalb derartige Leitungen meist offen verlegt werden. Die verdeckte Verlegung findet sich daher vorwiegend bei kleineren Wasserkraftanlagen.

26. Rohrsättel.

Bei verdeckter Verlegung von Eisen- und Holzrohren wird man im allgemeinem bei gutem Baugrund der Grabensohle von der Anordnung besonderer Rohrsättel Abstand nehmen, da man durch sorgfältiges Um- und Unterstopfen eine gleichmäßigere Lagerung erzielen kann als bei der Anordnung von Rohrsätteln, bei denen infolge der Auflast der Erdeindeckung erhebliche negative Biegungsmomente in den Rohren auftreten können. Aus diesem Grund ist auch besondere Sorgfalt auf das Unterstopfen der Rohre vor und hinter Festpunkten zu verwenden.

Bei größeren Rohrdurchmessern und nicht ganz einwandfreiem Untergrund wird man die Rohre mit Beton unterstopfen oder auf ein durchgehendes Betonbett verlegen.

Bei Betonrohren wird man dagegen meistens auch bei verdeckter Verlegung Rohrsättel oder eine durchlaufende Auflagerplatte anordnen, da dadurch die Montage der schweren Rohre sehr erleichtert wird und außerdem die Empfindlichkeit der Stoßverbindungen der Betonrohre eine besonders sorgfältige Lagerung erfordern.

Für Rohre mit Durchmessern bis zu 2,5 m kann man bei offener Verlegung als Abstand der Rohrsättel etwa den 4 fachen Durchmesser annehmen. Für größere Durchmesser wählt man etwa 10 m Abstand der Rohrsättel. Bei verdeckter Verlegung sind diese Abstände entsprechend der Auflagerung zu verringern.

Die Verbindungsstellen (Flanschen, Muffen) werden in die Momentennullpunkte ($0{,}21 \cdot l$ von der Mitte des Auflagers entfernt) gelegt.

Die Rohrsättel werden entweder sofort auf ihre richtige Höhe gebracht oder sie werden zunächst um einige Zentimeter niedriger ausgeführt. Die Rohre werden dann auf Keile gelegt, ausgerichtet und dann erst unterstopft.

Bei Leitungen mit Ausdehnungsstücken hat man darauf zu achten, daß die Reibung zwischen Rohr und Auflager möglichst gering wird. Dies erreicht man durch Zwischenlegen von Dachpappe, Eisenblech, besonderen Gleit- oder Rollenlagern.

27. Einsteigöffnungen.

Eine Rohrleitung von 40 cm lichter Weite kann zur Not noch von einem jungen Mann angeseilt auf kurze Strecken bekrochen werden. Von 50 cm lichter Weite ab können Rohrleitungen auf längere Strecken befahren werden. Ein auf Rollen laufendes Brett erleichtert diese Arbeit sehr.

Man wird mindestens alle 500 m und jedenfalls am unteren Ende der Leitung eine Einsteigmöglichkeit vorsehen.

28. Be- und Entlüftungsventile

finden sich als automatische Schwimmerventile hinter dem Absperrorgan am Einlauf zur Belüftung bei der Entleerung und zur Entlüftung beim Füllen der Leitung.

Entlüftungshähne evtl. mit Luftkasten sind an den Punkten der Leitung vorzusehen, an denen sich Luft ansammeln könnte. Die Bildung von Luftansammlungen ist möglichst zu verhindern, da diese für Druckrohrleitungen eine große Gefahr bedeuten. Die Luftblasen entweichen, wenn sie nach abwärts wandern, explosionsartig aus der Turbine und verursachen dadurch ein wenn auch kurz dauerndes Nachstürzen des Wasserstranges, was empfindliche Schläge verursachen kann. Wandern die Luftblasen nach aufwärts oder sammeln sie sich an einer Stelle an, so können sie zu angefachten Schwingungen (Schnellern) Veranlassung geben, die so heftig werden können, daß sie explosionsartig die Leitung zerstören.

Automatische Belüftungsventile sind an denenigen Stellen anzubringen, in denen ein Abreißen des Wasserstranges zu befürchten ist, falls die Rohrwandung dem Atmosphärendruck nicht standhalten kann. Dabei ist jedoch nicht zu übersehen, daß, wenn durch derartige Ventile auch ein Plattdrücken der Leitung vermieden wird, der Wasserschlag beim Aufprallen der abgerissenen Wassermassen die Leitung evtl. doch zerstören kann.

29. Manometer.

Zur Kontrolle der Drucksteigerung und des Druckabfalls empfiehlt es sich, den Manometer an der Turbine mit einem Maximum- und Minimumzeiger zu versehen und die Manometerscheibe abschließbar einzurichten. Bei größeren Anlagen wird sich ein selbstregistrierendes Manometer empfehlen. Außerdem wird man an den Punkten der Rohrleitung, an welchen ein Abreißen zu befürchten ist, Manovakuummeter mit Maximum- und Minimumzeiger anbringen.

30. Schutzanstrich.

Gegen die Witterungseinflüsse erhalten Eisen- und Holzrohre einen Außenanstrich. Diejenigen Teile einer Eisenleitung, die in die Festpunkte einbetoniert werden, werden, um ein Haften zwischen Festpunkt herbeizuführen, nur mit Zementmilch bestrichen.

Eisen- und Betonleitungen werden gegen die Einflüsse des Triebwassers mit einem Innenanstrich versehen. Der Innenanstrich bewirkt außerdem eine Herabminderung der Reibungsverluste.

Bei Holzrohrleitungen bildet das Wasser selbst eine schützende Schlammschicht, so daß bei diesen im allgemeinen von einem Innenanstrich abgesehen werden kann.

31. Maßnahmen gegen das Einfrieren.

Die beste Maßnahme gegen das Einfrieren ist natürlich das verdeckte Verlegen in frostfreier Tiefe. Auf kurzen Strecken kommt auch Umhüllung mit Wärmeisolationsmaterialien (Korkplatten u. ä.) in Betracht. Für längere Strecken sind aber die Kosten derartiger Isolationsmaterialien zu hoch. Man wird dann das Einfrieren verhindern, indem man ständig eine gewisse Wassermenge durch die Leitung fließen läßt. Bei der Verschiedenheit der gegebenen Verhältnisse lassen sich keine allgemeinen Angaben über die hierzu nötigen Wassermengen machen. Es bleibt nichts anderes übrig, als bei Frost die Temperatur des Wassers zu messen und so viel Wasser ständig laufen zu lassen, daß keine zu große Abkühlung eintritt.

Die Leitungsstrecken, die einer Einfriergefahr ausgesetzt sind, müssen auf einfache Weise entleert werden können, es ist daher z. B. am tiefsten Punkt vor der Turbine ein Entleerungshahn anzubringen.

32. Festpunkte.

Zur besseren Übertragung der Kräfte auf den Festpunkt werden auf das Rohr Winkelringe aufgezogen, gewöhnlich nicht unter 2 Stück. Da die Festpunkte auf Zug, Druck, Schub und Abscherung beansprucht werden, ist dafür zu sorgen, daß sie als einheitliche gute Betonkörper (Mischung etwa 1 : 10) ausgeführt werden. Nötigenfalls sind, insbesondere bei nach oben gerichteten Knickpunkten, Eiseneinlagen vorzusehen.

Jede gekünstelte Formgebung ist zu vermeiden. Die Übertragung der Festpunktskräfte auf den Untergrund geschieht nach Art der Stützmauern auf die Sohle. Oft kann man aber mit Vorteil einen Teil der Kräfte durch die Seitenwandungen aufnehmen lassen. Auch die Reibungskräfte zwischen dem Festpunkt und der Sohle und den Seitenwandungen können herangezogen werden. Der Betonklotz muß also möglichst innig mit dem gewachsenen Boden in Verbindung gebracht werden, daher sattes Anbetonieren an die Sohle und die Wandungen. Es ist anzustreben, den Festpunkt in gewachsenen Fels einzubinden.

33. Unterteilung in mehrere Rohrstränge.

Erreicht der Durchmesser eine gewisse Größe, so kann es aus konstruktiven und Transportgründen vorteilhaft sein, die Leitung in zwei oder mehrere Rohrstränge unterzustellen. Wie W. Bauersfeld[19]) (420) nachweist, nimmt das Gewicht und der Reibungsverlust bei der Zerlegung einer Rohrleitung in n Paralleleitungen, deren jede für $1/n$ der Wassermenge in wirtschaftlich günstigster Weise gerechnet ist, das

$$\sqrt[7]{n}\,\text{fache}$$

des Wertes an, der für die einfache Leitung gilt (z. B. für $n = 2$; $\sqrt[7]{2} = 1{,}104$).

Eine Zerlegung ist also nur dann wirtschaftlich, wenn der Nachteil der Zunahme des Gewichts und des Reibungsverlustes durch den Vorteil der einfacheren Herstellung und des bequemeren Transportes aufgehoben wird. Die Unterteilung hat aber außerdem noch den Vorteil, daß bei Ausfall eines Rohrstranges der Betrieb mit dem anderen aufrechterhalten bleiben kann.

Öfters findet man auch die Anordnung, daß erst von einer gewissen Druckhöhe ab die Rohrleitung mit einem Hosenrohr in zwei Rohrstränge untergeteilt wird.

34. Rohrleitungstrasse.

Man kann zwei wesentlich verschiedene Ausführungsformen unterscheiden:

a) Druckrohrleitung mit Flachstrecke, Wasserschloß und Steilstrecke,

b) direkte Druckrohrleitung von der Wasserfassung zum Krafthaus.

Für größere Wasserkraftanlagen wird man, wenn es die Geländeverhältnisse irgendwie gestatten, die erstere Ausführungsform wählen. Für kleinere und mittlere Anlagen muß man aber meistens von Fall zu Fall untersuchen, welche Trasse die wirtschaftlichste ist.

Der Druckhöhenplan, in den man die Druckanstiegslinie und die ideelle Minimumhöhe einzeichnet (vgl. Abb. 5), gibt ein übersichtliches Bild über die Vor- und Nachteile der verschiedenen Möglichkeiten. Die Trasse mit Wasserschloß hat gewöhnlich größere Leistungslänge, schwierigere Transportverhältnisse und größere Grunderwerbs- oder Nutzungskosten, dagegen günstigere dynamische Druckverhältnisse. Die direkte Trasse hat meistens kleinere Leitungslänge, günstigere Zufahrtsmöglichkeiten, kleinere Grunderwerb- oder Nutzungskosten (die Rohre können z. B. in einem Weg verlegt werden), jedoch ungünstigere dynamische Druckverhältnisse. Bei kleinen Anlagen ist aber oft die ideelle Minimumhöhe einer eisernen Leitung so groß, daß sie sowohl die statische als auch die dynamische Druckhöhe auch bei direkter Trasse deckt.

35. Füllen der Rohrleitung.

Das Füllen der Druckrohrleitungen darf nur sehr langsam vorgenommen werden, damit der Aufprall des Wassers in der Rohrleitung nicht zu stark wird und damit die Luft ungehindert entweichen kann. Der Aufprall des Wassers kann auch zu angefachten Schwingungen Veranlassung geben. Im Durchschnitt kann man etwa $^1/_{20}$ der Ausbauwassermenge als zulässige Wassermenge zum Füllen annehmen. Jedenfalls ist beim erstmaligen Füllen die Leitung sorgfältig an mehreren Stellen zu überwachen. Das Füllen geschieht am besten mit einem besonderen Schieber, dessen Querschnitt eben die zulässige Wassermenge zuläßt (z. B. ein Umlaufschieber an der Drosselklappe).

36. Montage der Rohrleitung.

Die Montage der Druckrohrleitungen erfolgt gewöhnlich von unten nach oben. Größere Druckrohrleitungen werden meistens auf vorher genau ausgerichtete Sättel verlegt. Kleinere und insbesondere verdeckt verlegte Leitungen werden dagegen gewöhnlich zunächst nur unterkeilt, ausgerichtet und dann erst mit Beton oder Boden unterstopft.

Kleine Richtungsfehler lassen sich bei Muffenleitungen in den Muffen, bei Flanschleitungen durch Keilflanschringe ausgleichen.

In gewissen Abständen, meistens zwischen je zwei Festpunkten ist ein Paßstück, das an Ort und Stelle abgelängt wird, vorzusehen.

Es ist sorgfältig darauf zu achten, daß keine unnötigen Montagespannungen in die Rohrleitung kommen. Dies gilt insbesondere für die Temperatureinflüsse. Man wird, wenn irgend möglich, die Montage bei einer Temperatur vornehmen, die etwa der mittleren Betriebstemperatur entspricht. Die günstigste Jahreszeit zur Montage ist demnach Frühjahr oder Herbst.

Verdeckte Leitungen wird man, sobald eine Strecke fertiggestellt ist, eindecken. Die Rohre müssen also in der Fabrik genau geprüft sein, so daß man für ihre Dichtigkeit volle Gewähr hat. Nur die Verbindungsstellen werden bis zur Füllung und Prüfung der Leitung freigelassen. Einen weiteren Temperaturschutz erhält man, wenn man die Leitung mit fortschreitender Fertigstellung und Erhärtung der Festpunkte mit Wasser füllt. Die freigelassenen Verbindungsstellen sind möglichst durch Abdecken der direkten Sonnenbestrahlung zu entziehen.

Der in den Ausdehnungsstücken zu lassende Spielraum richtet sich nach der Temperatur, die während der Montage herrscht. Es ist dabei jedoch auf die Längenverkürzung, die durch die Querzusammenziehung entsteht, Rücksicht zu nehmen. Verdeckt verlegte eiserne Muffenleitungen werden daher meist satt ineinandergeschoben. Die Querzusammenziehung bei der Füllung ergibt dann den nötigen Spielraum für Temperaturausdehnung. Leitungen mit Flanschen werden nach dem Füllen wiederum entleert, worauf die meisten Schrauben erfahrungsgemäß noch etwas nachgezogen werden können.

37. Prüfen der Rohrleitung.

Prüfen in der Fabrik. In der Fabrik werden die Rohre gewöhnlich auf das $1^1/_2$ fache des höchstmöglichen Betriebsdruckes (statischer + dynamischer Druck) geprüft. Höherer Probedruck empfiehlt sich im allgemeinen nicht, da dadurch das Rohrmaterial nur unnötig überanstrengt wird. Bei Eisenbetonrohren wird man sich mit dem 1,2 fachen Betriebsdruck (statischer + dynamischer Druck) begnügen, dagegen einzelne Stichproben bis zum Bruch durchführen. Dabei ist zu verlangen, daß die Bruchlast mindestens das $2^1/_2$ fache des Betriebdruckes ist. Aber nicht nur die einzelnen Rohre, sondern auch die Verbindungen, also jeweils zwei Rohre zusammen, sind, wenigstens in Stichproben, zu prüfen. Der Druck ist mindestens 10 Minuten, für einzelne Stichproben und Formstücke 30 ÷ 60 Minuten zu halten.

Besondere Sorgfalt ist auf die Prüfung der Krümmer, Abzweigstücke und anderer Formstücke und derjenigen Rohre zu verwenden, die später nicht mehr zugänglich sind (z. B. wegen Einbetonierung in Festpunkte).

Flanschrohre werden gewöhnlich blindgeflanscht und dann unter Druck gesetzt. Das Rohr kann dann als „geschlossene Leitung“ angesehen werden; die Rohrwandung erleidet achsenparallele Zugbeanspruchung. Bei Rohren ohne Flansch wird beiderseitig ein Deckel angepreßt; das Rohr erleidet also keine achsenparallelen Zugbeanspruchungen, entsprechend einer „aufgelösten Rohrleitung“. Erleiden die Rohre eingebaut achsenparallele Zugbeanspruchungen, so bleibt die

Probebeanspruchung, wenn sie in letztgenannter Art durchgeführt wurde, hinter der Betriebsbeanspruchung zurück oder umgekehrt.

Prüfen nach Fertigstellung der Montage. Nach der Füllung wird die Rohrleitung sorgfältig auf Wasserdichtigkeit und die Festpunkte auf Risse oder sonstige Schäden untersucht. Früher wurde nun gewöhnlich die Leitung oben abgeschlossen und mittels einer Pumpe ein Überdruck erzeugt. Dies hat aber so viele Nachteile, daß man besser davon absieht und dafür die Leitung einem „Probebetrieb" unterzieht, d. h. man wird durch Öffnen und Schließen der Absperrorgane die im Betrieb möglichen Druckabfälle und Druckanstiege herbeiführen. Dabei über die voraussichtlich mögliche Beanspruchung hinauszugehen, wird sich nicht empfehlen, da dadurch eine Überanstrengung des Rohrmaterials und insbesondere der Festpunkte hervorgerufen würde. Man wird um so mehr davon absehen können, je sorgfältiger die Rohre in der Fabrik geprüft werden sind.

Bei der früher üblichen Art des Abdrückens mit Pumpe ist die Drucksteigerung überall gleich groß, wogegen die wirkliche Druckanstiegslinie nach der Wasserfassung hin abfällt. Durch das Abdrücken mit Pumpe werden also die Rohrwandungen und Festpunkte der oberen Rohrstrecke überanstrengt. Außerdem müßte bei aufgelöster Bauweise der obere Abschlußdeckel durch einen besonderen Festpunkt fixiert werden. Bei geschlossener Bauweise mit elastisch verschiebbaren Krümmern werden die Festpunkte teilweise, da die Drucksteigerung überall gleich groß ist, sich also gegenseitig aufhebt, bei dem Abdrücken durch Pumpe geringer beansprucht als im Betrieb, wo die Drucksteigerung von oben nach unten ansteigt (vgl. Abb. 12).

Durch das Abdrücken mit Pumpe wird außerdem nur die Sicherheit gegen Druckanstieg geprüft. Der oft viel gefährlichere Druckabfall kann dagegen nur durch einen Probebetrieb geprüft werden.

Wenn so ein Abdrücken mit Pumpe für Fallrohrleitungen nicht empfehlenswert ist, kann es bei flachen Leitungen mit geringem statischen und dynamischen Druck zur Nachprüfung der Wasserdichtigkeit gute Dienste tun. Bei derartigen Leitungen spart man sich gewöhnlich die Prüfung in der Fabrik und drückt erst den fertigen Rohrstrang an Ort und Stelle ab.

Treten Risse in der Rohrwandung auf, so kann die Art der Risse: Quer- oder Längsrisse wertvolle Fingerzeige für die Ursache der Rißbildung geben. Querrisse lassen Überanspruchung durch achsenparallele Kräfte (krasse Temperaturunterschiede, Festsitzen von Dilatationsstücken usw.) vermuten, wogegen Längsrisse meistens auf Überanstrengung durch Innendruck (Wasserschläge u. ä.) hinweisen.

Bei der Inbetriebnahme des 1924/25 erbauten Zweribachwerkes[44]) hatte ich Gelegenheit, die theoretischen Berechnungsgrundlagen zur

Bestimmung der dynamischen Druckänderungen in der Praxis nachzuprüfen. Ich konnte, soweit es die vorhandenen Meßinstrumente gestatteten, eine gute Übereinstimmung der theoretischen mit den praktischen Werten feststellen.

Das Zweribachwerk ist eine Hochdruckanlage mit 487 m Gefälle. Zunächst sind zwei Turbinen mit je 0,150 m^3/sek aufgestellt. Später soll noch eine dritte Turbine hinzukommen, so daß der Vollausbau 0,450 m^3/sek betragen wird. Die Leitung besteht aus einer oberen Flachstrecke von 740 m Länge und einer Steilstrecke von 1515 m. Der Durchmesser nimmt von 0,60 auf 0,425 m ab.

Am Übergang der Flachstrecke in die Steilstrecke sollte ein Wasserschloß eingebaut werden. Die Berechnung hat jedoch ergeben, daß bei normalem Betrieb (Regleröffnungszeit ca. 20 sek) von zwei Turbinen ein Abreißen nicht zu befürchten ist. Es wurde daher nur ein C-Stück eingebaut, um evtl. später ein Wasserschloß anschließen zu können. An diesem C-Stück wurde ein Manometer angebracht. Im praktischen Betrieb hat sich dann auch gezeigt, daß bei normalen Öffnungszeiten kein Abreißen eintritt. Bei den Abnahmeversuchen trat jedoch unbeabsichtigterweise zweimal der Fall einer plötzlichen Öffnung ein, was nach der Berechnung ein Abreißen des Wasserstranges zur Folge haben mußte. Das erste Mal war die Verteildüse des Leerlaufschiebers zunächst verstopft und dann plötzlich gebrochen, was gleichbedeutend mit einer plötzlichen Öffnung war. Die Querschnittsöffnung entsprach etwa der Öffnung einer Turbinendüse. Der Beobachter am C-Stück stellte einen starken Knall, ähnlich dem Einschlag einer Granate, und ein Zittern des Bodens fest. Der Wasserstrang war also abgerissen. Ein zweites Mal trat diese Erscheinung auf, als durch eine falsche Manipulation am Regler die Düse einer Turbine plötzlich geöffnet wurde. Dieses Mal konnte auch an der Turbine, an deren Manometer inzwischen ein Minimumzeiger angebracht war, der Druckabfall mit 81 m abgelesen werden. Eine genaue Nachrechnung dieses Wertes ist nicht möglich, da die genaue Öffnungszeit naturgemäß nicht festzustellen war, es konnte nur beobachtet werden, daß das Öffnen sehr rasch erfolgte. Bei einer Öffnungszeit gleich der Laufzeit (4,5 sek) errechnet sich der Druckabfall zu 74 m; bei vollständig plötzlichem Öffnen zu 112 m. Der beobachtete Wert von 81 m paßt also gut in diesen Rahmen.

Außer diesen beiden unbeabsichtigterweise erhaltenen Ergebnissen wurden mit normalen Schließ- und Öffnungszeiten Versuche angestellt. Es konnte eine gute Übereinstimmung der theoretischen mit den praktischen Werten beobachtet werden. Insbesondere bestätigte sich, daß der Druck linear vom Absperrorgan bis zur Wasserfassung abfällt bzw. ansteigt.

Literaturverzeichnis.

1. Ludin, Adolf: Die Wasserkräfte. Berlin: Julius Springer 1913.
2. Forchheimer: Hydraulik. Leipzig und Berlin: B. G. Teubner 1914.
3. Banki, Donat: Energieumwandlungen in Flüssigkeiten. I. Bd. Berlin: Julius Springer 1924.
4. Escher-Dubs: Die Theorie der Wasserturbinen. Berlin: Julius Springer 1924.
5. Rümelin: Wasserkraftanlagen. Sammlung Göschen Nr. 665. Bd. I.
6. Dasselbe: Nr. 666, Bd. II.
7. Dasselbe: Nr. 667, Bd. III.
8. Alliévi: (Deutsch von Dubs und Bataillard): Allgemeine Theorie über die veränderliche Bewegung des Wassers in Leitungen. Berlin: Julius Springer 1909.
9. Vogt, Fredrik: Berechnung und Konstruktion des Wasserschlosses. Stuttgart: Ferdinand Enke 1923.
10. Weyrauch, Robert: Hydraulisches Rechnen. IV. und V. Aufl. Stuttgart: Konrad Wittwer 1921.
11. Derselbe: Wirtschaftlichkeit technischer Entwürfe. Stuttgart: Konrad Wittwer 1916.
12. Braun, Ernst: Druckschwankungen in Rohrleitungen. Stuttgart: Konrad Wittwer 1909.
13. Weisbach, Julius: Experimental-Hydraulik. Freiberg: Engelhardt 1855.
14. Holl: Turbinen und Wasserkraftanlagen. München und Berlin: R. Oldenbourg.
15. Hütte: Des Ingenieurs Taschenbuch.
16. Förster, M.: Taschenbuch für Bauingenieure.
17. Mannesmannwerke, Düsseldorf: Turbinen-Rohrleitungen.
18. Hruschka, Artur: Die Berechnung von Druckrohrleitungen. Elektrotechnik und Maschinenbau. Zeitschrift des Elektrotechnischen Vereins, Wien 1922, Nr. 46ff.
19. Bauersfeld, W.: Die wirtschaftliche Berechnung der Hochdruckturbinenleitungen. Zeitschr. für das gesamte Turbinenwesen 1907, Nr. 28.
20. Ludin, Adolf: Die wirtschaftliche Bemessung von Triebwasserleitungen. Zeitschr. für das gesamte Turbinenwesen 1914, Nr. 13.
21. Steiner, Ch. R.: Der wirtschaftliche Durchmesser von eisernen Druckleitungen. Schweizer Bauzeitung, 30. 12. 1916, S. 311.
22. Mayer, Rudolf: Über Elastizität und Stabilität des geschlossenen und offenen Kreisbogens. Zeitschr. für Mathematik und Physik. Bd. 61 (1913), S. 246 ff.
23. Stevens, J. C.: Collapse of a Steel Water Conduit. Engineering News. Vol. 66. Nr. 4, 1911, S. 112 ff.
24. Willheim, Friedrich: Über den Vergleich der näherungsweisen und exakten Berechnung der Spannungsverteilung in einer Röhre. Zeitschr. des Österreichischen Ingenieur- und Architektenvereins 1922, Nr. 25—26, S. 117ff.
25. Collapse of a Large Steel Pipe. Engineering News. 1. Mai 1913, S. 909.

26. Emperger, Fritz: Betonrohre für Innendruck. Beton und Eisen 1923, Nr. 17/18ff.
27. Falschlunger: Eisenbetonrohre ohne Innendruck. Beton und Eisen 1925, Nr. 12, Ste. 189.
28. Waninger: Holzrohrbau in Deutschland. Deutsche Bauzeitung 1923, Nr. 12.
29. Kelen, Nicola: Condotte forzate in cemento armato ad alta pressione. Ingegneria 1923, Nr. 3.
30. Verlegen eiserner Rohrleitungen mit geschweißten Stoßstellen in Amerika. Die Wasserkraft 1924, Heft 23, S. 431.
31. Budau: Druckschwankungen in Rohrleitungen. Zeitschr. des Österreichischen Architekten- und Ingenieurvereins 1905, Nr. 29—31.
32. Herz: Beitrag zur statischen Berechnung von Druckleitungsfestpunkten. Zeitschr. des Österreichischen Ingenieur- und Architektenvereins, 24. Juli 1925.
33. Thoma, D.: Zur Theorie des Wasserschlosses bei selbsttätig geregelten Turbinenanlagen. Berlin 1909.
34. Ferrand: Unterdruck im Innern von Druckleitungen. La Houille Blanche 1922, S. 85.
35. Watzinger, A. und Oscar Nissen: Versuche über die Druckänderungen in der Rohrleitung einer Francis-Turbinenanlage bei Belastungsänderungen. Mitteilungen über Forschungsarbeiten. Heft 134. Berlin: Julius Springer 1913.
36. Karlsson: Über Schwerspannungen in Rohrleitungen von großem Durchmesser und deren rationelle Konstruktion. Schweizer Bauzeitung, 2. September 1922, S. 108.
37. Gariel, Maurice: Etude sur les Maxima de surpression dans les phénomenes de coups de bélier. Revue générale de l'Electricité. 5. Oktobsr 1918. S. 483.
38. Fröhlich, Otto: Beitrag zur Berechnung weiter Rohre. Zeitschr. des Österreichischen Ingenieur- und Architektenvereins 1910, Nr. 3, S. 38.
39. Bouchayer, Auguste: Coups de bélier et répercussion. La Houille Blanche 1911. S. 73.
40. Principes et Règles d'établissement des conduites hydrauliques forcées. Le Genie Civil. 15. November 1924, S. 451.
41. Innerebner, Karl: Über die neuesten Erfahrungen auf dem Gebiete der Wasserkraftgewinnung vom Standpunkt des Bauingenieurwesens. Referat auf der I. Weltkraftkonferenz in London. Die Wasserkraft 1924, Nr. 21, Ste. 387.
42. Eine Wasserkraftanlage mit 1650 m Gefälle. Prometheus. Berlin: 26. April 1913.
43. Rabovsky, Herbert: Holzdaubenrohre. VDI-Verlag Berlin.
44. Köbler, K.: Das Zweribachwerk. Die Wasserkraft 1924, Heft 24.

Berichtigung.

Formel (38) S. 43 lies: $$F > \frac{k^2 \cdot f^{1,5}}{69{,}55 \cdot H_n}$$

Bundschu, Druckrohrleitungen.

GPSR Compliance

The European Union's (EU) General Product Safety Regulation (GPSR) is a set of rules that requires consumer products to be safe and our obligations to ensure this.

If you have any concerns about our products, you can contact us on ProductSafety@springernature.com

In case Publisher is established outside the EU, the EU authorized representative is:

Springer Nature Customer Service Center GmbH
Europaplatz 3
69115 Heidelberg, Germany

Batch number: 10683525

Printed by Printforce, the Netherlands